AF856384

Verlag von Julius Springer in Berlin N.

Von demselben Verfasser erschien:

Das
Veranschlagen von Hochbauten
nach der vom Ministerium für öffentliche Arbeiten erlassenen Anweisung
und die
Normen für Fabrikation und Lieferung von Baumaterialien
zum praktischen Gebrauch für
Baubeamte, Architekten, Maurer- und Zimmermeister,
sowie als Lehrbuch für höhere und niedere Fachschulen

Mit einer lithographierten Tafel, einem Anschlagsbeispiel und Erläuterungen.

Dritte durchgesehene und auf Grund der neuesten Anweisung erweiterte Auflage.
Preis M. 2,40.

Die
Darstellung der Bauzeichnung.
Im Anschluß
an die vom Ministerium für öffentliche Arbeiten erlassene Anweisung
zum praktischen Gebrauch für
Baubeamte, Architekten, Maurer- und Zimmermeister
sowie als Lehrbuch für höhere und niedere Fachschulen.

Mit 4 lithographirten Tafeln.
Preis kart. M. 1,20.

Zu beziehen durch jede Buchhandlung.

Die

Bauführung

im Anschluß an die
vom Ministerium für öffentliche Arbeiten erlassene Anweisung
und

das Baurecht

mit Berücksichtigung des

Baupolizeirechts.

Handbuch für Baubeamte und Bauausführende,
sowie Lehrbuch für Fachschulen

von

G. Benkwitz,
Baumeister.

Springer-Verlag Berlin Heidelberg GmbH
1892.

ISBN 978-3-662-32471-4   ISBN 978-3-662-33298-6 (eBook)
DOI 10.1007/978-3-662-33298-6
Softcover reprint of the hardcover 1st edition 1892

Vorwort.

Die vorliegende Bearbeitung bildet eine Fortsetzung der beiden in gleichem Verlage erschienenen Bücher

„Das Veranschlagen von Hochbauten“ und

„Die Darstellung der Bauzeichnung“.

Die günstige Aufnahme der letzteren, sowie deren weite Verbreitung in den Kreisen der Baubeamten, der bauausführenden Meister und ihre vielfache Benutzung als Lehrbücher an bautechnischen Anstalten haben Verfasser und Verleger dazu veranlaßt, dem Fachpublikum und den Schulen diese neue Arbeit zu bieten.

Der Inhalt der einzelnen Abschnitte hat sowohl für den Baubeamten als auch für den werkthätig schaffenden Meister eine hohe Bedeutung. Der Abschnitt über die Bauführung behandelt sämtliche für die Bauausführung erforderlichen Arbeiten und Lieferungen und zwar unter Berücksichtigung selbst der umfangreichsten Staatsgebäude. Er giebt in erschöpfender Weise darüber Auskunft, wie sich das Verhältnis der bauleitenden Behörde zu dem der ausführenden Bauhandwerker und Lieferanten zu gestalten hat. Zugleich enthält dieser Abschnitt einen so vollständigen Überblick über die mit Bezug auf alle Baukonstruktionen und die Lieferung der Baustoffe zu beobachtenden Regeln, daß die in demselben enthaltenen Angaben, der Neuzeit entsprechend, zugleich für jeden Bauausführenden im privaten Verkehr willkommene Fingerzeige bieten und über vieles Auskunft geben, was der Praktiker vergeblich in den Lehrbüchern über Baukonstruktionen suchen wird.

Von ebenso großer Bedeutung sind die Angaben über den geschäftlichen Verkehr auf der Baustelle. Diesem Abschnitt wurden die neuesten Formulare und Erläuterungen nach der Anweisung des Ministeriums für öffentliche Arbeiten beigefügt.

Die letzten Abschnitte enthalten alles Wissenswerte über das Baurecht und das Baupolizeirecht, sowie ministerielle Anweisungen.

Die bei der Bearbeitung benutzten Werke sind an entsprechenden Stellen angegeben worden.

Der behandelte Stoff bildet einen hochwichtigen Lehrstoff für alle bautechnischen Lehranstalten. Er ist ein so umfangreicher, daß ein Diktieren seitens des Lehrers völlig ausgeschlossen ist, und es läßt sich daher erwarten, daß die Fachschulen sich bereit finden werden, das vorliegende Werk, für dessen preiswerte Herstellung die Verlagsbuchhandlung in dankenswerter Weise gesorgt hat, als Lehrbuch einzuführen.

Möge das vorliegende Buch eine ebenso freundliche Aufnahme finden wie das „Veranschlagen von Hochbauten" und „Die Darstellung der Bauzeichnung".

G. Benkwitz.

Inhaltsverzeichnis.

I. Die Bauführung.

II. Das Baurecht.

III. Das Baupolizeirecht.

I. Die Bauführung.

Die Bauführung teilt sich in folgende Hauptabschnitte und bezieht sich auf:

1. die Anfertigung der Bauzeichnung,
2. die Aufstellung des Kostenanschlages,
3. die Verdingung der zu Bauausführungen erforderlichen Arbeiten und Baumaterialien,
4. die Leitung und Überwachung des Baues.

Wenngleich im staatlichen und privaten Bauwesen nach einzelnen Richtungen hin Unterschiede auftreten, so sind doch im großen und ganzen die Grundlagen und Formen der Geschäftsbehandlung die gleichen.

Mit Bezug auf die Anfertigung der Bauzeichnungen im Anschluß an die vom Ministerium für öffentliche Arbeiten erlassenen Anweisung ist auf das Buch des Verfassers „Die Darstellung der Bauzeichnung" zu verweisen, in welchem das für den Hochbauer Wissenswerte eingehend beschrieben und durch in Farben ausgeführte Tafeln klargelegt ist.*)

Der zweite Abschnitt: Die Aufstellung des Kostenanschlages ist in dem vom Verfasser bearbeiteten Buche eingehend behandelt worden.**)

*) Die Darstellung der Bauzeichnung. Im Anschluß an die vom Ministerium für öffentl. Arbeiten erlassenen Anweisung von G. Benkwitz, Baumeister. Verlag von Julius Springer, Berlin (kart. M. 1,20).

**) Das Veranschlagen von Hochbauten, nach der vom Ministerium für öffentliche Arbeiten erlassenen Anweisung, von G. Benkwitz, 3. Auflage Verlag von Julius Springer, Berlin (M. 2,40).

A. Verdingung der Bauarbeiten.

Mit Bezug auf die Verdingung der zu Bauausführungen erforderlichen Arbeiten haben wir zunächst die Verdingungssysteme zu besprechen.

(Litteratur: Handbuch der Baukunde, Abteilung I. Hilfswissenschaften bearbeitet von Krüger, Posern und Dr. Hilse, Berlin 1887. — Denkschrift des Verbandes deutscher Architekten- und Ingenieur-Vereine über die Vergebung der Bauarbeiten, Berlin 1887. — Handbuch der Ingenieur-Wissenschaften von Franzius und Sonne, Leipzig. I. Kap. IV.)

Die Verdingung von Bauarbeiten kann stattfinden:

1. nach Tagelohnssätzen.

Diese Art der Verdingung wird überall da in Anwendung kommen, wo sich keine Akkordpreise festsetzen lassen (Um- und Reparaturarbeiten, Eisenbahn- und Straßenunterhaltung, architektonische Restaurationsbauten u. s. w.).

2. in Regie.

Dieses System findet bei Hochbauten nur bei sehr komplizierten oder künstlerischen Ausführungen, mithin nur ausnahmsweise Anwendung, dagegen gelangt dasselbe bei Erdarbeiten (auch bei Fortifikationsbauten mit Bezug auf Erd- und Maurerarbeiten in großem Maßstabe) häufig zur Anwendung. Die Vereinbarung wird seitens des Bauherrn oder der Bauverwaltung zumeist mit kleinen Arbeiterverbänden, denen ein Obmann zugehört, getroffen.

3. an Einzelunternehmer.

Die Vereinbarung wird mit einzelnen Handwerksmeistern, welche die verschiedenartigen Bauteile zur Ausführung zu bringen haben, getroffen. Diese im Hochbau am meisten angewandte Verdingungsweise ist die empfehlenswerteste.

4. an Großunternehmer (General-Entreprise).

Bei diesem Systeme werden größere Gruppen von Arbeiten verschiedener Handwerker zusammengefaßt. Die Arbeiten werden an einen Unternehmer vergeben. Am häufigsten tritt dieses System bei großen Bauausführungen des Ingenieurwesens, insbesondere beim Eisenbahnbau auf.

Im Hochbau wird seitens der staatlichen Bauverwaltung diese

Verdingungsweise zumeist mit Bezug auf kleinere Bauwerke gewählt, während im Privatbau entweder die Ausführung des Rohbaues oder auch des ganzen Gebäudes in allen seinen Teilen nach diesem System verdungen wird.

Sind die Vorarbeiten bis in's Kleinste erschöpfend erledigt, stehen spezialisierte Bearbeitungen aller Vertragsgrundlagen fest (Projekt: Zeichnungen, Berechnungen, Leistungsverhältnisse), so daß Änderungen während der Bauausführung im allgemeinen ausgeschlossen sind, dann vereinfacht die Vergebung in General-Entreprise das geschäftliche Verfahren und die Verwaltungsorganisation im hohen Maße, denn die ganze Leitung liegt in der Hand einer Persönlichkeit. Endlich wird auch die Ausführung besonders beschleunigt werden können.

Diesen Vorteilen gegenüber darf nicht unerwähnt bleiben, daß durch die Ansprüche einer Zwischeninstanz sowohl die Produzenten, sowie auch deren Leistungen beeinträchtigt werden können. Es besteht ferner keine Wechselbeziehung zwischen dem bauausführenden Techniker und dem Materiallieferanten und Handwerksmeister. Endlich ist das Gelingen der ganzen Bauausführung zum nicht geringen Teil von der Befähigung und Zuverlässigkeit einer einzigen Person abhängig.

B. Berechnungsweise oder Bezahlungsmodus der Leistungen.

Die Bezahlung der Leistungen kann stattfinden:

1. nach Einheitspreisen.

Arbeiten und Materiallieferungen müssen genau präzisiert sein (Preisliste, Anschlag). Bei diesem Bezahlungsmodus lassen sich Änderungen während der Bauausführung ausführen, ohne mit dem Unternehmer in Verwicklungen zu geraten, dagegen ist die Beaufsichtigung der Bauausführung eine mühevollere nnd kostspieligere.

2. mittels Pauschalsummen.

Hierbei ist die Fertigstellung einer alle Einzelheiten klarlegenden Ausarbeitung sowie eine genaue Veranschlagung der Baukosten vorausgesetzt. Für größere Unternehmungen ist diese Bezahlungsweise nicht zu empfehlen. Sie verteuert den Bau, weil der Unternehmer gezwungen ist, für sein Risiko eine gewisse Entschädigung in Ansatz zu bringen.

C. Wahl eines Unternehmers.

Wir unterscheiden:

1. die Vergebung aus freier Hand.

Die Übertragung der Arbeit an einen nach sachlichem Ermessen geeigneten Unternehmer findet seitens des Bauleitenden statt. Bei Privatbauten ist diese Art der Vergebung die am meisten gebräuchliche, während sie für öffentliche Bauten nur ausnahmsweise (abgesehen von Bauten geringen Umfangs, die eine gewisse Maximalsumme nicht überschreiten) gewählt werden darf.

2. das Unterbietungsverfahren.

Mit Bezug hierauf unterscheiden wir:

a) das mündliche (Lizitations-) Verfahren. Die zu einer festgesetzten Zeit (Termin) erschienenen Unternehmer geben ihre Angebote zu Protokoll auf Grund des ihnen bekannt gewordenen Anschlags und dessen Preise. Dies Verfahren wird in Deutschland verhältnismäßig selten zur Anwendung gebracht.

b) das Submissionsverfahren. Es bezieht sich dieses auf schriftliche Offerten der Unternehmer auf Grund von Zeichnungen, Bedingungen, Probestücken. Die Offerten werden versiegelt eingereicht und in einem bestimmten Termin geöffnet. Eine Verpflichtung, den Mindestfordernden zu wählen, ist nicht vorhanden.

Das Submissionsverfahren kann ein beschränktes sein, wenn eine bestimmte Anzahl Unternehmer zur Einreichung von Offerten veranlaßt wird; es kann ein öffentliches sein, wenn durch öffentlich erlassene Bekanntmachungen eine unbegrenzte Zahl von Bewerbern zugelassen wird.

D. Anwendbarkeit des Verfahrens bezüglich der Wahl eines Unternehmers.

1. Die freihändige Vergebung.

Sie ist empfehlenswert, wenn es sich um Arbeiten von besonderer Güte oder Kunstfertigkeit handelt oder wenn solche Arbeiten in Betracht kommen, deren Anfertigung eine Spezialität bildet. Sie ist notwendig, wenn die zur Ausführung zu bringenden Gegenstände unter Patent- oder Musterschutz stehen. Eine in größter Eile zu beschaffende Arbeit oder Lieferung rechtfertigt dieses Verfahren. Ist das Vertragsobjekt vorher nicht genau mit Bezug auf die Eigenart der Leistung anzugeben, so ist die freihändige Vergebung, durch welche die Einzelheiten durch Verhandlung mit den hinzugezogenen Unternehmern festgestellt werden können, nicht zu umgehen.

2. Das Lizitationsverfahren.

Seine Anwendung sollte nur dann statthaben, wenn es sich um Vergebung kleiner, im voraus genau zu übersehender Bauarbeiten oder Lieferungen handelt. Bei wirklich technischen Leistungen ist das Unterbietungsverfahren zu verwerfen.

3. Die beschränkte Submission.

Das Verfahren empfiehlt sich, wenn eine gewisse Geschicklichkeit, Kunstfertigkeit oder besondere Zuverlässigkeit gefordert werden muß (bei Gegenständen des Kunstgewerbes und der Maschinenindustrie).

4. Die uneingeschränkte Submission.

Dieselbe wird empfehlenswert sein bei einer Unbekanntschaft mit den Verhältnissen und Baupreisen, auch bei einfacher Beschaffenheit der Leistungen und Lieferungen, ferner bei Leistungen im großen Umfange.

E. Beurteilung und Durchführung des Submissionsverfahrens.

Durch öffentliche Submission, welche die freie Konkurrenz der dem betreffenden Gewerbszweige angehörigen Unternehmer sichert, werden Bauten des Staates, der Provinzialverwaltungen, Verbände, Genossenschaften und Kommunen vergeben. Es hat den Zweck, willkürliche und persönliche Begünstigungen von Unternehmern seitens der Baubeamten auszuschließen und letztere selbst vor Verdächtigungen zu schützen. Wo unterschiedslos, — wie dies leider zumeist in der Baupraxis geschieht, — die Arbeiten an den Mindestfordernden vergeben werden, treten oftmals Nachteile dieses Verfahrens auf, denn zufolge des Herabdrückens der Preise wird auch eine Verminderung der Arbeitsgüte nur allzuleicht sich erkennbar machen. Es sollte daher die Zuschlagserteilung nicht unbedingt an die niedrigste, sondern an die annehmbarste Offerte gelangen. In Preußen steht dem Beamten die Auswahl unter den 3 Mindestfordernden zu.

Bei Einforderungen von Proben empfiehlt es sich, die Angabe der Bezugsquellen, bezw. der Fabrikmarken zu fordern.

Mit Rücksicht auf die beschränkte Submission ist es zwar nicht direkt vorgeschrieben, aber doch im allgemeinen üblich, den Mindestfordernden zu wählen, weil von vornherein nur anerkannt tüchtige und zuverlässige Unternehmer in Betracht kommen können.

Die Grundlagen der Submission und des Vertragsabschlusses sind:

1. das Leistungsverzeichnis,
2. die Zeichnungen,
3. die allgemeinen Bedingungen (enthaltend die in Aussicht zu nehmenden Vereinbarungen über die gegenseitigen Verpflichtungen der Kontrahenten),
4. die speziellen Bedingungen in Bezug auf Art und Güte der Leistung, Termin, Garantie ꝛc.
5. Bedingungen für die Beteiligung an der Submission.

Alle derartige Schriftstücke, sowie die Offerten der Unternehmer sind in möglichster Kürze und Übersichtlichkeit und frei von „auslegbaren" Bestimmungen anzufertigen.

Die Ausschreibung, Termin, Offerte ꝛc.

Bei öffentlicher Ausschreibung trägt die betreffende Behörde die Kosten.

Die Bekanntmachung soll enthalten: Bezeichnung des Gegenstandes und Umfang der Leistung (Anschlagssumme oder veranschlagte Massen).

Bezeichnung der Dienststelle, bei welcher die Zeichnungen und Bedingungen ausliegen, Zeit der Einsichtsnahme.

Angabe, ob Versendung der Zeichnungen und Bedingungen kostenlos oder gegen Erstattung der Druckkosten stattfinden soll.

Form der Offerten: Versiegelt mit Aufschrift auf der Briefrückseite: Submission auf u. s. w.

Ort, Tag, Stunde des Termins. Unterschrift: Ort, Datum Bezeichnung der ausschreibenden Behörde.

Bei engerer Submission werden den Unternehmern die betreffenden Schriftstücke kostenfrei zugesandt.

Zwischen der Bekanntmachung und dem Termin ist für kleinere Arbeiten und leicht zu beschaffende Lieferungen eine Frist von 14 Tagen, für größere Unternehmungen eine solche von 4 bis 6 Wochen anzusetzen.

Die Eröffnung der Offerten darf nur an dem in der Bekanntmachung angegebenen Orte erfolgen.

Die Form der Offerte.

Seitens des Unternehmers erfolgt entweder ein Abgebot in Prozenten der Anschlagssumme oder es werden Einzelpreise eingereicht.

Eine Offerte ist nur dann gültig, wenn der Anbietende alle Grundlagen derselben (Bedingungen, Zeichnungen, Proben u. s. w.) durch Unterschrift anerkannt hat und wenn die Offerte rechtzeitig eingegangen ist. Nachgebote sind ausgeschlossen.

In dem festgesetzten Termin ist ein amtliches Protokoll über das Ergebnis aufzustellen, etwa in folgender Form:

Submissionsprotokoll.

(Verhandelt (Ort, Datum, Jahreszahl.)

In dem heut anstehenden Submissionstermin zur Vergebung der . . . . . . Arbeiten . . . . waren . . . . . . Offerten eingegangen, deren Eröffnung um . . . . Uhr vormittags stattfand. Danach übernehmen die . . . . . Arbeit:

1. (Name) für . . . .
2. „ „ . . . .
3. „ „ . . . .

(Folgen die Mitunterschriften der Anbietenden.)

F. Kontrakts-Bedingungen.

1. Allgemeine Bedingungen.

Dieselben beziehen sich auf:

1. das persönliche Verhältnis des Unternehmers zur Baubehörde;

2. die finanziellen Verpflichtungen des Unternehmers und der Behörde in Erfüllung des Vertrages;
3. die Rechte und Pflichten der Baubehörde bei Leitung der Bauausführungen und
4. die sachlichen Verpflichtungen des Unternehmers bei der Bauausführung.

Die sich hierauf beziehenden Vorschriften sind ihrem Wortlaut nach im Handbuch der Baukunde, Heft I „Bauführung und Baurecht" (Seite 111 bis 115) wiedergegeben.

Auszugsweise möge das Wichtigste hier mitgeteilt werden:

§ 1. Für die Art und den Umfang der Leistungen sind die Zeichnungen nebst Anschlag und dessen Unterlagen bestimmend. Änderungen der Vordersätze und sonstige Abweichungen vom Bauplan bleibt der Bauverwaltung vorbehalten.

§ 2. Für das Mehr oder Minder, welches vom Unternehmer geleistet wird, sind die vertragsmäßig zustehenden Einheitspreise in Anrechnung zu bringen.

§ 3. Die Vereinbarung von Mehrlieferungen oder Leistungen soll ein Zehntel, bei marktgängigen Materialien ein Zwanzigstel der vertragsmäßigen Mengen nicht überschreiten. Desgleichen muß sich der Unternehmer eine Herabsetzung seiner Lieferung bezw. Leistung um ein Zehntel ohne Anspruch auf Entschädigung gefallen lassen.

§ 4 und 5. Tagelohnsarbeiten werden nach vertragsmäßig stipulierten Tagelohnsätzen, an die der Unternehmer auch bei etwaigem Steigen der Löhne gebunden ist, vergütet.

§ 6. Mehr- oder Minderleistungen bedürfen der schriftlichen Anordnung oder Genehmigung der bauleitenden Beamten.

§ 7. Entschädigungen für Arbeiten und Leistungen, die abweichend vom Bauplan von der Baubehörde angeordnet werden, erfolgt im billigen Verhältnis zu den vertragsmäßig stipulierten Preisen.

Alle Ansprüche aus besonders zu bezahlenden Nebenleistungen muß der Unternehmer längstens in Monatsfrist anmelden, widrigenfalls seine Ansprüche dafür erlöschen.

§ 8. Mit den Arbeiten und Lieferungen ist spätestens 14 Tage nach der schriftlichen Aufforderung zu beginnen, falls die speziellen Bedingungen nicht etwa etwas anderes hierüber enthalten.

§ 9. Die Behörde ist befugt, die Arbeiten und Lieferungen dem Unternehmer ganz oder teilweise zu entziehen und den noch nicht vollendeten Teil des Unternehmens auf seine Gefahr und Kosten durch einen anderen Unternehmer ausführen zu lassen, oder selbst für seine Rechnung zu vollenden, wenn seine Leistungen untüchtig sind oder nicht im richtigen Verhältnis zu der bereits verlaufenen Zeit stehen.

Im Falle der Entziehung der Arbeit oder Lieferung sollen die etwa mit Bezug auf festgesetzte Einzelfristen verfallenen Konventionalstrafen in Anrechnung gebracht werden.

§ 10. Sollte im Fortgange des Baues durch mindestens mäßiges Verschulden der Verwaltung eine Unterbrechung oder überhaupt ein Abstandnehmen von der Bauausführung eintreten, so hat der Unternehmer außer auf vertragsmäßige Bezahlung derjenigen Leistungen, welche etwa vor dem Eintritt der Unterbrechung und bis zu etwaiger Wiederaufnahme der Arbeit nach der Sistierung bewirkt worden sind, nur Anspruch auf Ersatz des von ihm nachzuweisenden, bezw. durch Schiedsspruch festzusetzenden unmittelbaren Schadens.

Eine Entschädigung für den mittelbaren Schaden und entgangenen Gewinn kann dem Unternehmer nicht gewährt werden.

Dauert die Unterbrechung länger als 6 Monate, so steht es jedem der Konkurrenten frei, vom Vertrage zurückzutreten. (Kündigung schriftlich spätestens 14 Tage nach Verlauf jener 6 Wochen.)

§ 11. Die Arbeitsleistungen müssen den besten Regeln der Technik und den besonderen Bestimmungen des Anschlags und des Vertrages entsprechen.

Arbeiter, welche nach dem Urteile des bauleitenden Beamten untüchtig sind, müssen entlassen und durch tüchtige ersetzt werden.

§ 12. Alle vereinbarten Arbeitslöhne verstehen sich unter Einrechnung der Entschädigung für Werkzeuge und Geräte, Vorhaltung und Unterhaltung der Rüstungen und ähnlicher Arbeitsvorrichtungen.

Für die Tüchtigkeit und Stärke der Rüstungen trägt der Unternehmer die ausschließliche Verantwortlichkeit.

Rüstungen, welche ein Unternehmer vertragsmäßig herzustellen hat, sind auch anderen Bauhandwerkern unentgeltlich zur Benutzung zu überlassen.

§ 13. Der Unternehmer oder dessen Vertreter muß sich auf Aufforderung der bauleitenden Beamten auf der Baustelle jederzeit einfinden.

Die sämtlichen, auf dem Bau beschäftigten Leute müssen sich den Anordnungen des bauleitenden Beamten oder dessen Stellvertreters fügen.

Der Unternehmer haftet in Ausführung des Vertrages für die Handlungen seiner Bevollmächtigten, Gehilfen und Arbeiter persönlich.

§ 14. Für das Unterkommen der Leute, für die Herstellung der Aborte, deren Reinigung und Desinfektion, sowie deren spätere Beseitigung hat Unternehmer zu sorgen.

§ 15. Für Absteckungen, Höhenvermessungen und Abnahmevermessungen wird keine Entschädigung gezahlt. Die Beschaffung der hierzu nötigen Arbeitskräfte ist Sache des Unternehmers.

§ 16. Die Befolgung der für die Ausführung bestehenden polizeilichen Vorschriften liegt dem Unternehmer ob.

§ 17. Die Behörde ist berechtigt zu verlangen, daß über alle später nicht mehr nachzuweisenden Arbeiten von den beiderseitigen Aufsichtsbeamten während der Ausführung gegenseitig anzuerkennende Notizen, als Grundlage demnächstiger Berechnung, geführt werden.

Bis zur Abnahme der vom Unternehmer ausgeführten Arbeiten oder Lieferungen haftet derselbe für jede an denselben vorkommende Beschädigung oder Entwendung. Er hat die zu ihrem Schutz erforderlichen Vorkehrungen auf eigene Kosten zu treffen.

§ 18. Nach Schlußabnahme ist die Kostenrechnung innerhalb der in den Spezialbedingungen festgesetzten Frist einzureichen.

§ 19. Die Form der Rechnung soll sich eng an die Form anschließen, in welcher die Veranschlagung der Bauausführung stattgehabt hat.

§ 20. Mit Bezug auf Tagelohnsarbeiten ist die Arbeiterliste dem Baubeamten täglich vorzulegen. Tagelohnsrechnungen sind längstens von 4 zu 4 Wochen einzureichen.

§ 21. Die Schlußzahlung, falls keine Gründe für die Aussetzung derselben vorliegen, ist spätestens mit Ablauf der festgestellten Frist zu leisten.

Auf Antrag sollen dem Unternehmer schon während der Bauzeit Abschlagszahlungen in angemessenen Fristen bis $^{5}/_{6}$ des Wertes der vertragsmäßig bewirkten Leistungen, für vertragsmäßige Materiallieferung aber bis zur Höhe von $^{9}/_{10}$ von dem Wert gewährt werden.

§ 22. Durch die Abnahme der Arbeit oder Lieferung und Bezahlung des gesamten Guthabens ist der Unternehmer keineswegs von der obliegenden Gewährleistung für die Güte der Arbeit oder der Materialien befreit.

§ 23. Briefe und Telegramme, welche den Abschluß und die Ausführung des Vertrages betreffen, werden beiderseitig frankiert. Kosten des Vertragsstempels trägt der Unternehmer.

§ 24. Unternehmer hat für die Erfüllung der ihm obliegenden Verbindlichkeiten entweder von der Behörde für geeignet erachtete Bürgen, die als Selbst-Schuldner in den Vertrag eintreten, oder Sicherheit durch Kautions-Objekte zu stellen.

Die Kaution soll $^{1}/_{10}$ der Vertragssumme nicht übersteigen (bares Geld, Wertpapiere, auch nach Ermessen der Behörde Wechsel). Bar hinterlegte Kautionen werden nicht verzinst.

Die Behörde ist befugt, vom Vertrage zurückzutreten und Schadenersatz zu fordern, falls Unternehmer nicht innerhalb 14 Tage nach der Zuschlagserteilung die Sicherheit bewirkt hat.

Falls Unternehmer in irgend einer Weise seinen Verbindlichkeiten nicht nachkommt, kann die Behörde zu ihrer Schadloshaltung die hinterlegten Wertpapiere und Wechsel veräußern, bezw. einkassieren.

§ 25. Streitigkeiten bezüglich der Rechte und Pflichten werden durch die Verwaltungsbehörde, event. durch schiedsrichterlichen Spruch erledigt. Die Kosten des letzteren Verfahrens hat der unterliegende Teil zu tragen.

§ 26. Ohne Genehmigung der Verwaltung darf der Unternehmer seine vertragsmäßigen Verpflichtungen nicht auf Andere übertragen.

Verfällt der Unternehmer vor Erfüllung des Vertrages in Konkurs, so ist die Behörde berechtigt, den Vertrag mit dem Tage der Konkurserklärung aufzuheben. Das Geleistete wird nach den kontrahierten Preisen vergütet.

Stirbt Unternehmer vor Beendigung seiner Leistung, so kann die Verwaltung das Vertragsverhältnis mit den Erben desselben fortsetzen oder auch den Vertrag als aufgelöst erklären.

§ 27. Unternehmer wird event. bei dem für den Ort der Bauausführung zuständigen Gerichte Recht nehmen.

Die vorstehenden Bestimmungen gelten insoweit, als durch den Vertrag selbst oder die speziellen Vertragsbedingungen ein Anderes nicht etwa ausdrücklich bestimmt wird.

2. Die speziellen (insbes. technischen) Bedingungen.

Sie enthalten:

1. Gegenstand der Unternehmung; Ort der Ablieferung.

2. Form der Offerten, Aufzählung der Proben und Zeichnungen als Grundlage der Ausführung (falls nicht ein besonderes Offert-Formular schon die bezüglichen Angaben enthält).

3. Bezeichnung der Neben-, Mehr- oder Minderleistungen und Verpflichtungen, welche in die vertragsmäßigen Preise eingetragen sind, soweit solche nicht schon im Leistungsverzeichnis hervorgehoben wurden.

4. Vollendungsfristen.

5. Konventionalstrafe.

6. Abnahme; Garantie; Kaution.

7. Abschlagszahlungen; Schlußzahlung.

8. a) Qualität der Materialien; b) Ausführung der Arbeiten.

9. Berechnung der Leistungen.

Die Übertragung von Risiken an den Unternehmer durch Überleistungen, auch Mehr- oder Minderleistungen ist möglichst zu beschränken.

Bezüglich der Vollendungsfristen ist zunächst im allgemeinen die Zeit nach Datum, Monat und Jahr zu bezeichnen, während die einzelnen Termine am besten nach Tagen oder Wochen anzugeben sind. Auf die Bestimmung der Fristen ist große Sorgfalt zu verwenden. Die Festsetzung von Zwischenterminen ist, um einen zu weit gehenden Eingriff in die Dispositionen des Unternehmers zu vermeiden, auf das Allernotwendigste zu beschränken.

Konventionalstrafen sind dem Umfange der kontraktlichen Leistungen und der Wichtigkeit der Termins-Einhaltung gemäß zu normieren, hierauf aber auch zu beschränken.

Bezüglich der Abnahme und Garantie ist es empfehlenswert, die Schlußabnahme möglichst zu beschleunigen, überhaupt sie zu einer möglichst definitiven zu machen. Wo dies nicht angängig ist, bedarf man für eine bestimmte Zeitdauer der Garantie. Als Garantiefrist genügt zumeist 1 Jahr.

3. Auszug aus der Zusammenstellung der speziellen Bedingungen.

Ausführung der Erdarbeiten.

Nebenleistungen. In die kontraktlichen Einheitspreise sind eingeschlossen: Wiederverfüllen der Fundament- und Kellermauern, Verkarren und Einplanieren der übrig bleibenden Erde. Sicherung der Baugrube gegen Tagewasser und dessen Ausschöpfung, Vorhalten von Karren und Karrdielen.

Spezielles über Termine, Abnahme, Ausführung, Wasserbewältigung.

Ausführung von Maurerarbeiten.

Nebenleistungen. In die vertragsmäßigen Preise sind mit einbegriffen:

1. Vorhaltung der Geräte, Rüstungen, Einrüstungen, Arbeitsmaschinen, provisorische Verschlüsse der äußeren Thüröffnungen.
2. Transport der Materialien auf der Baustelle.
3. Mörtelbereitung, Beschaffung des Wassers hierzu und für sonstige Zwecke (der auf der Baustelle befindliche Brunnen wird zur Verfügung gestellt).
4. Beseitigung des Bauschuttes, dessen Aufsetzen und Ablagern innerhalb des Bauzaunes.
5. Die Absteckungs- und Messungsarbeiten, einschl. Vorhaltung der dazu nötigen Instrumente.
6. Herstellung von Arbeitszeichnungen, soweit sie nicht von der Bauverwaltung geliefert werden.

Termine.

Die Ausführung ist im allgemeinen derart zu bewirken, daß:
das aufgehende Mauerwerk bis zum . . . dieses Jahres,
die sämtlichen Arbeiten „ „ . . . „ „ zur Vollendung gebracht werden.

Einzeltermine.

Es erfolgt vom Datum der schriftlichen Aufforderung ab an gerechnet in:

..... Tagen die Vollendung der Fundamente und Kellermauern.

..... Tagen die Vollendung des aufgehenden Mauerwerks des 1. Geschosses.

..... Tagen die Vollendung des aufgehenden Mauerwerks des 2. Geschosses.

..... Tagen die Vollendung des aufgehenden Mauerwerks des 3. Geschosses.

..... Tagen die Vollendung der Giebel- und Drempelwände.

..... " " " " sämtlichen Kappengewölbe.

..... " " " des Kellerpflasters.

..... " " " " Verputzens der Wände und Decken.

..... Tagen die Vollendung des Versetzens der Schwellen und Werksteintreppen.

..... Tagen die Vollendung des Versetzens von ... Fach Fenstern.

..... Tagen die Vollendung der Verblendung und das Fugen der Ansichten.

Kleinere Arbeiten sind nach Anweisung des Baubeamten entsprechend zu fördern. (Sonntage und allgemeine Feiertage, mit Bezug auf äußere Arbeiten auch die Regentage, stehen außerhalb der Fristangabe). Unterbrechungen durch Verzögerungen der mit den seinigen Hand in Hand gehenden Arbeiten, soweit sie ohne Verschulden des Unternehmers eintreten, werden diesem nicht zur Last gelegt.

Konventionalstrafe. Für jeden Tag der Verspätung der einzelnen Termine verfällt der Unternehmer in eine Konventionalstrafe von ... Mk., die ihm vom Guthaben abgezogen wird.

Abnahme und Garantie. Die Abnahme erfolgt auf schriftlichen Antrag des Unternehmers unter seiner Zuziehung binnen einer Frist von 8 Tagen durch den (Bauinspector).

Der Unternehmer bleibt nach Abnahme noch (1) Jahr für seine Arbeiten und Lieferungen verantwortlich. Mängel als Folge schlecht ausgeführter Arbeit oder schlechten Materials hat er während dieser Zeit sofort auszubessern oder neu zu ersetzen.

Kommt er dieser Aufforderung nicht binnen . . . Tagen nach, so ist die Baubehörde berechtigt, die nötigen Nachbesserungen oder Neuherstellungen durch einen Anderen um jeden Preis auf seine Kosten vornehmen zu lassen.

Kaution. Die von dem Unternehmer zu hinterlegende Kaution wird auf 10 % der Anschlagssumme festgesetzt. Sie muß innerhalb 3 Tagen nach Benachrichtigung der Zuschlagserteilung bei der . . . Kasse hinterlegt werden.

Zahlungen. Nach Maßgabe des ausgeführten Teils der Arbeiten sollen dem Unternehmer Abschlagszahlungen, jedoch nur in Raten von nicht unter . . . Mk. auf Grund einer vorläufigen, vom . . . . . zu bescheinigenden Nachweisung gewährt werden. Schlußrechnung nach Maßgabe der wirklich ausgeführten Leistungen.

Verwendung der Materialien. Nur solche Materialien, welche von der Bauverwaltung abgenommen wurden, dürfen verwendet werden. Über die Verwendung der einzelnen Materialien bei den verschiedenen Bauteilen bestimmt der bauleitende Beamte.

Reinhaltung der Baustelle, mindestens wöchentliche einmalige Aufräumung nach Angabe, Abdecken der Kalkgruben abends mit Brettern, hat Unternehmer zu besorgen.

Mörtelbereitung und Aufbewahrung. Der Mörtel ist zu einer gleichartigen Masse und so konsistent durchzuarbeiten, daß er ohne weiteren Wasserzusatz verwendet werden kann. — Angabe der Mörtelmischung — nachträgliche Zusetzung des Cementes bei Sparcementmörtel. — Ist Kalk- oder Traßmörtel 12 Stunden, Sparcementmörtel 4 Stunden, reiner Cementmörtel 2 Stunden nach der Bereitung noch nicht aufgearbeitet, so darf er — weil abgebunden — nicht mehr benutzt werden. Verluste an Mörtel, soweit sie durch Nachlässigkeit der Arbeiter entstehen, hat Unternehmer zu ersetzen.

Wasserbewältigung. Gegen vom Terrain ablaufendes Regenwasser hat Unternehmer sich zu sichern, eventl. solches auszupumpen. Grundwasser beseitigt die Bauverwaltung auf ihre Kosten.

Bezüglich der Ausführung der Maurerarbeiten sei bemerkt:

Die Maurerarbeiten müssen den Zeichnungen, den kontraktlichen Vereinbarungen, den Regeln der Kunst, den baupolizeilichen Vorschriften entsprechen und tadellos in bester Konstruktionsweise ausgeführt werden. Fehler und mangelhafte Arbeiten sind auf Anordnung des Baubeamten sofort zu beseitigen.

Hieran schließen sich die näheren Bestimmungen, wie die Maurerarbeiten in ihren Einzelheiten auszuführen sind.

Die Bestimmungen beziehen sich auf:

Mauerwerk aus gesprengten Feldsteinen (Ausführung in sog. Cyklopen-Verband.) Zwischenräume, wo nicht vermeidbar, sind gut zu verzwicken, sog. Mörtelnester sind unstatthaft. Äußere, sichtbare Steine möglichst groß. Hin und wieder Binderschichten durchzulegen. Unterste Fundamentschicht aus möglichst großen Steinen. Ansichtsflächen des aufgehenden Mauerwerks soweit nachzuarbeiten, daß ein Verzwicken der Fugen nicht erforderlich ist.

Gewöhnliches Bruchsteinmauerwerk. Ausführung möglichst schichtenweise. Abgleichungen in je 1 m Abstand oder an den Mauerabsätzen genügend. In Abständen von je höchstens 1 m desgl. möglichst lange Binder erforderlich. Verlegung auf das größere bessere Lager, voll in Mörtel. Die Steine sind festzustoßen und gut zu verzwicken. Mörtelnester unstatthaft. Schichtenweise verbandsmäßig zu verlegen. Ecken mit den größten Steinen aufzuführen. Unebenheiten in den Ansichtsflächen dürfen, auf ein Richtscheit bezogen, nicht mehr als 5 cm betragen. Ausschiefern oder Auszwicken der Ansichtsflächen nicht statthaft.

Geschichtetes Bruchsteinmauerwerk. Höhe der Schichten etwa 0,2 m, Schichthöhen annähernd gleich. Steine einer Schicht gleich hoch. Am Haupt sind die Steine eben und sauber mit dem Zweispitz zu bearbeiten. Lager auf mindestens 0,2, an den Stößen auf mindestens 0,1 m Tiefe im rechten Winkel abzuarbeiten. Läufer und Binder in gehörigem Wechsel. Überbinden der Stoßfugen um mindestens 0,15 m. Lagerfugen von gleicher Dicke (1 cm).

Betonfundamente. Vorhandene Ziegelsteinabfälle nach einem Ringe von höchstens 6 cm Durchmesser zu zerschlagen, gut mit Mörtel zu vermengen. Höhe der Einzellagen höchstens 15 cm.

Ziegelmauerwerk. Kreuzverband mit gleichmäßigen vollen Fugen, lot-, flucht- und wagerecht in durchaus gleicher, vom bauleitenden Beamten festzustellenden Schichteinteilung. Für die Stoßfugen ist gehörig Mörtel zu geben. Ausgießen der Stoßfugen nach Einlegung des Steines unzulässig.

Die Luftisolierung nach Anweisung aufzuführen mit durchgelegten Bindern. Reinhaltung derselben von Kalkmörtel und Ziegelstücken. — Ziegelsteine gut anzunässen. Die Art des Mörtels bestimmt der Baubeamte.

Balkenköpfe durch Luftschicht zu isolieren. Sicherung der eisernen Träger durch geeignete Auflager.

Überwölbung der Thüröffnungen. Öffnungen der inneren Thüren unmittelbar über den Rahmhölzern, bezw. Überlagsbohle sind mit scheitrechtem Bogen zu überspannen, über diesem Entlastungsbogen. Thürzargen sorgfältig und senkrecht einzumauern. — Bei Thürdübeln Ausklinken der übergreifenden Steine erforderlich.

Röhren im Mauerwerk. Heiz-, Ventilations-, Rauchrohre u.s.w. im Mauerwerk nach den festgestellten Dimensionen auszusparen im stets gleichen Querschnitt, wo erforderlich, zu schleifen und innen zu putzen. Mündungen und Öffnungen genau nach Angabe anzulegen. Letztere zu überwölben, nicht auszukragen. Röhren von Schutt, Kalk rc. freihalten. Bezügliche Untersuchung hierüber auf Kosten eines von der Bauverwaltung hinzuzuziehenden Schornsteinfegers.

Gewölbe. Kunstgerechter Verband, enge, central gerichtete Fugen. Aussparungen, bezw. Auskragungen für die Widerlager beim Aufführen der Mauern herzustellen, bei eisernen Trägern für gut anschließende, gehauene Steine zu sorgen. Gewölbe im allgemeinen auf $1/3$ der Höhe, falls Pflaster darüber angeordnet wird, in ganzer Höhe zu hintermauern. Verband, falls nicht anderes bestimmt, schwalbenschwanzförmig, bei größeren Gewölben und Bogen sind die Lehrgerüste nach Angabe des Bauleitenden im Scheitel mit Baumaterialien zu belasten. Ausrüstung nach Genehmigung des Bauleitenden.

Pflaster. Ziegelpflaster im Läuferverband. Bei Sandbettung genaue Regulierung des Planums. Fugen mit Kalkmörtel zu vergießen. Bei Asphaltüberzug in Mörtel mit hohlen Fugen zu legen. Sammelgruben im Waschkeller mit 1 Stein starken Wänden in Cement. Letztere auszufugen, mit Rollschicht, welche einen Falz für das Gitter erhält, einzukränzen.

Fliesenbeläge in Mörtel aus hydraulischem Kalk mit 1 mm breiten Fugen zu verlegen. Kanten abzuschleifen. Pflaster ohne vortretende Fliesenkanten herzustellen.

Fachwerkswände. Ausfalzen der Hölzer, bezw. Benagelung derselben mit Dreikantleisten vom Unternehmer zu besorgen. Zwischen Stielen und Riegeln die Steine scharf einzupassen. Bei äußeren Wänden sind die Steine um die Breite der Abfasung zurückzusetzen.

Verblendung. . Verblendung mit besonderen Verblendziegeln im Zusammenhang mit dem übrigen Mauerwerk oder erst nachträglich. Im letzteren Falle richtige Verzahnung. Verblendsteine auf der Rüstung von der Mulde abzuheben. Unternehmer ist allein dafür verantwortlich, daß alle Verblendsteine richtige Form und Farbe haben. Fehlerhafte Steine wieder zu beseitigen.

Verblendung in fehlerlosem Verband, zu schützen vor Beschädigungen und Verunreinigungen. Abschleifen der mit Kalk bespritzten Oberfläche mit Eisen oder Stein strengstens verboten. Etwaige Beschmutzungen sofort mit nassem Strohbesen zu beseitigen. Gebrauch von Salzsäure auf das Unerläßlichste zu beschränken (höchstens 10prozentige Salzsäure zu benutzen), Reinigung mit Schrubber, Nachwaschung mit reinem Wasser. Bei horizontal liegenden Flächen, Fliesen ꝛc. ist Salzsäure ausgeschlossen. Fugen mit Aufführung der Verblendung sogleich 1,5 cm tief auszukratzen. Ungleiche Stoßfugen sind nachzuhauen. Ausfugung auf das Sorgfältigste, etwas vertieft. Einsetzen der Sandstein-, bezw. Terrakottengesimse nachträglich. Das provisorische, trockene Aussetzen der Aussparung im Mauerwerk wird nicht vergütet.

Versetzen von Werksteinen. Versetzen der Werksteine zu den Fassaden und freitragenden Treppen mit Hilfe des Steinmetzen (auf 2 Gesellen bezw. Arbeiter des Maurers 1 Geselle bezw. Arbeiter des Steinmetzen), Vorrichtungen zum Transport (horizontal und vertikal) stellt der Steinmetz, besorgt auch den Transport bis zur Hebestelle. Zwischengerüste, Gerüste für das Versetzen, Absteifungen ist Sache des Unternehmers der Maurerarbeiten. Werksteine mit Hilfe von Bleiunterlagen und Holzkeilen zu versetzen. Fugen an den Vorderflächen provisorisch mit Lehm zu schließen, von hinten und oben zu vergießen. Gesimse seitens des Unternehmers durch Abdeckung aus Lehm und Holz zu schützen. Beschädigte Teile sind zu ersetzen, Verputzen der Zinkabdeckungen ohne Vergütung zu besorgen. Löcher zur Aufnahme der Stufen sind nach Angabe zu belassen oder einzustemmen, Stufen zu vermauern und Fugen zu vergießen. Transport und Untermauern der Schwellen seitens des

Unternehmers. Schutz der Schwellen und Stufen durch Brettabdeckungen zu besorgen. Entschädigung hierfür wird nicht geleistet.

Wandputz. Fugen bis auf 13 mm auszukratzen. Mauerwerk mit Besen gehörig reinigen und annässen. Äußerer Wandputz 20 mm, innerer Wandputz 15 mm stark.

Fassadenputz aus nicht zu fettem Mörtel und scharfem Sand, möglichst in einem Anwurf fertig zu stellen. Innerer Putz in zwei Lagen. Erster Anwurf in magerem Kalk mit scharfem Sande, zweiter Anwurf mit fettem Kalkmörtel und feinem Sande. Putz unter stetem Anfeuchten eben und glatt abzureiben.

Bei Mitverwendung von Gips ist dieser für den ersten Anwurf grob, für den zweiten fein zu sieben. Zweiter Anwurf aufzutragen, solange der erste noch feucht ist. Bei Thüren so einzurichten, daß die Bekleidungen den Putz ca. 3 cm übergreifen.

Cementputz während 3 Tage nach dem Auftragen feucht zu halten.

Aller Putz genau ebenflächig abzuziehen, Risse dürfen nicht vorhanden sein. Kanten genau senkrecht und etwas abgerundet.

Putz auf Decken und Holzwänden. Schalung mit verwechselten Stößen zu berohren. Rohrstengel von gleichmäßiger Stärke, nicht mehr als 5 mm Durchmesser. Zwischenraum durchschnittlich 1 cm. Drahtzüge in 0,10 m Entfernung. Nägelentfernung 0,10 m. Draht gut ausgeglüht (Nr. 16) 1,6 mm stark. Rohrnägel mindestens 2,25 cm lang (Gewicht pro 1000 = 1,1 kg.)

Bei Rohrgewebe Lattung ($^2/_3$ cm) in 16 cm Entfernung, das zweite (dichte) Gewebe ist mit 10 Nägeln pro qm gegen die Latten zu heften, das erste gröbere, (Stengel mit denen des zweiten parallel) wie beim Rohren mit Schalung zu befestigen. Sorgfältiger Anschluß des Decken- und Wandputzes.

Später entstehende Risse hat Unternehmer zu beseitigen, Kosten für Reparaturen der Wand- und Deckenanstriche zu tragen.

Auf Mängel in der Deckenschalung hat Unternehmer vor Anfertigung der Putzarbeiten hinzuweisen. Spätere Berufung hierauf bleibt unberücksichtigt.

Putz auf Fachwerkswänden. Holzwerk wie vor zu berohren. Die Rohrstengel müssen die Fuge zwischen Holz und Mauerwerk 2 cm breit überdecken.

Gezogene Gesimse. Vormauerung aus gehauenen Steinen derart nach der Gesimsform gestaltet, daß die Putzdicke nicht weniger als 10 mm und nicht mehr als 25 mm beträgt. Putz wie vor angeführt unter Gipszusatz für die zweite Lage. Schablonen genau nach Angabe zu liefern. Gesimse rein und scharfkantig zu ziehen.

Nachbessern des Putzes. Für den vereinbarten Preis sind sämtliche Putzarbeiten bis Übergabe des Baues zu unterhalten, Beschädigungen sind auszubessern. Alle Verputz-, bezw. Verstricharbeiten an Fußbodenleisten, Paneelen, Thürbekleidungen 2c. sind ohne besondere Vergütung auszuführen.

Rüstungen. Über die bezüglichen Bedingungen enthält § 12 der allgemeinen Bedingungen das Erforderliche. Unter Umständen ist hier ein entsprechender Passus einzufügen.

Berechnung. Die Grundsätze für die Berechnung sind in dem Buche „das Veranschlagen von Hochbauten" von G. Benkwitz enthalten.

Lieferung von Bruchsteinen.

Die Steine müssen durchaus fest, ohne Spalten und Blätterungen, wetterbeständig und zugleich so groß, lagerhaft und köpfig sein, daß ein regelrechter Verband herzustellen ist. Lagerflächen mindestens 0,25 m im □, Stärke nicht unter 18 cm. Zwickersteine unzulässig.

Aufsetzen seitens der Bauverwaltung auf eigene Kosten. Aussortierte Steine sind binnen 8 Tagen durch den Lieferanten von der Baustelle zu entfernen. Bei Nichtbefolgung wird Abfuhr u. s. w. seitens der Bauverwaltung auf Gefahr und Kosten des Lieferanten besorgt.

Lieferung von Hintermauerungsziegeln.

Qualität. Der Bruch muß eine durchaus gleichmäßige Struktur zeigen, frei von Mergel und Kalkknollen, von Steinen und Hohlräumen von mehr als Erbsengröße sein. Die Steine dürfen nicht solche Substanzen enthalten, welche zur Bildung von Efflorescenzen Veranlassung geben. (Steinformat.) Gleichmäßig guter Brand, heller Klang, Bramkanten dürfen nicht vorhanden sein, verzogene und schiefe, sowie rissige Steine nicht zulässig. Die Oberflächen dürfen nicht gesintert und verglast sein, sondern müssen soweit rauh und porös sein, als dies ein gutes Haften des Mörtels erfordert. Beim Bearbeiten mit dem Maurerhammer dürfen die Steine nicht zerbrechen und spalten.

Bruch. Für Bruch 4% von der ganzen Lieferung zulässig, jedoch nur aus Stücken, nicht kleiner als 1/2 Stein bestehend.

Aufsetzen. Vom Lieferanten zu besorgen, in Haufen von je 200 Stück. Zulässiger Bruch sichtbar und kontrollierbar auf den Haufen zusammenzulegen. Materialien nach der event. zugelassenen verschiedenen Qualität getrennt aufzusetzen.

Einzelne Haufen in Scharen von je 10 Haufen = 2000 Steinen zusammenzusetzen. Zwischen den Scharen Gänge von 0,60 bis 0,80 m zu belassen. Entfernung der Haufen von bereits abgenommenem Material 1,0 bis 1,50 m.

Anfuhr nur innerhalb der festgesetzten Arbeitsstunden. Anweisungen und Anordnungen des Bauleitenden zu befolgen. Vertragswidriges Material auszusortieren.

Abnahme. Der Bauleitende ist befugt, von je 2000 Steinen einen Haufen aufbrechen zu lassen. Kosten hierfür, auch die des Wiederaufsetzens, trägt der Unternehmer. Mangelhafte Qualität berechtigt zur Ablehnung der ganzen Schar von 2000 Stück Steinen.

Zurückgewiesenes Material ist binnen . . . . Tagen von der Baustelle zu entfernen. Bei Nichtbeachtung geschieht Lagerung und Abfuhr auf Kosten und Gefahr des Unternehmers.

Garantie. Auch nach der Abnahme volle Garantie für die Qualität des Materials auf . . . . Jahre. Steine, die sich unter dem Einfluß der Witterung, der Nässe oder des Frostes oder sonst wie als mangelhaft erweisen, sind durch neue zu ersetzen. Zufolge solcher Erscheinungen kann das Umsetzen der gesamten auf den Lagerplätzen befindlichen Lieferung gefordert werden.

Bei beschränkten Bauplätzen kann dem Unternehmer event. die Anschaffung eines geeigneten Lagerplatzes auferlegt werden.

Für Lieferung von Verblendsteinen sind gleichfalls die vorstehenden Bestimmungen maßgebend. (Besonders zu betonen: Gleichmäßigkeit der Form und Farbe.)

Lieferung von Formsteinen und Terrakotten.

Form genau nach Zeichnung und Angabe. Sauber, scharf und gehörig durchgebrannt, nicht verzogen, frei von schädlichen Beimengungen, gleichmäßig in der Farbe. Modelle vom Fabrikanten auf seine Kosten anzufertigen, auch auf Verlangen in erforderlicher Höhe an dem Baugerüst provisorisch anzubringen.

Benutzung der Modelle für die Fabrikation erst nach Genehmigung des Baubeamten.

Formsteine sind mit entsprechenden Buchstaben, der Detailzeichnung entsprechend, zu versehen.

Nur durchaus unbeschädigte Baustücke werden abgenommen. Bei Steinen, die in größerer Zahl vorkommen, hat Fabrikant als Ersatz für etwa sich ereignenden Bruch 2c. event. 2% nachzuliefern (Vergütung nach den vereinbarten Einzelpreisen).

Bei Messung für die Abnahme sind die Plinthenlängen, für Gurt- und Hauptgesimse ist die Hängeplatte maßgebend, Fenster- und Thüreinfassungen in der Mitte der profilierten Faschenbreite zu messen.

Aufsetzen nach den einzelnen Formen geordnet.

Lieferung von Mauersand.

Lieferung in der Zeit bis zum . . . . Einzeltermine und Bestimmung der Quantitäten nach Angabe. (Pro Tag . . . cbm). Anfuhr binnen 3 Tagen vom Tage der Zustellung an gerechnet. Auf Verlangen des Unternehmers Angabe des geringsten Quantums innerhalb der Einzelfristen.

Der Sand muß rein fein, sich scharf anfühlen, beim Reiben in der Hand knirschen und dort keine Flecken zurücklassen. Lehmige, erdige, eisenhaltige, salzige, vegetabilische Stoffe, Beimischung grober Körner sind ausgeschlossen.

Lieferung entsprechend der eingereichten Probe. Nicht probemäßiges Material binnen 3 Tagen zu entfernen. Bei Nichtbefolgung geschieht dieses durch die Bauverwaltung auf Gefahr und Kosten des Unternehmers. Sonst brauchbarer, aber zu grobkörniger Sand wird auf Kosten des Lieferanten durchgesiebt.

Zur Abnahme in Haufen aufzuschichten, eventl. Abnahme in Kästen.

Lieferung von gelöschtem Kalk.

Einheitspreis einschl. der Herstellung und Vorhaltung der Löschgeräte.

Einlöschen in seitens der Verwaltung hergestellten Gruben.

Dasselbe ist bei jeder Grube binnen . . . Tagen zu vollenden. Für jeden Tag Verspätung Konventionalstrafe von . . . Mk.

Kalk von bester Qualität, angemessen gebrannt, unmittelbar nach dem Brennen in Fässer zu verpacken und so nach der Baustelle zu schaffen. Bis zum Einlöschen des stets möglichst frischen, unzerfallenen und lebendigen Kalkes ist derselbe vor Nässe und Feuchtigkeit zu bewahren. Ersäufung und Verbrennen darf nicht stattfinden. Vorkehrungen für eine geordnete Wasserzuführung hat Unternehmer zu besorgen. Pumpen oder andere Schöpfvorrichtungen besorgt die Verwaltung.

Abnahme, wenn eine Probe von 1 l Masse nicht mehr zerfließt, wenn der Kalk also butterweich und nicht körnig ist. Eingeführte Eisenstangen dürfen kein knisterndes Geräusch verursachen. (Diese Probe nicht früher als 6 Tage nach dem Einlöschen.)

Gleichmäßigkeit der Qualität durch Kontrollierung der Tonnenzahl zu bewirken. Zurückgewiesener Kalk wegen Qualitätsmangel ist binnen . . . . Tagen von der Baustelle zu entfernen.

Lieferung und Löschen von hydraulischem Kalk.

Brennen, Packung und Aufbewahrung wie vor. Qualität nach dem Einzelfall festzusetzen. (Prüfung soll durch Bestimmung der Festigkeit an Probekörpern mit 3 Teilen Sandzusatz geschehen, welche die ersten 24 Stunden an der Luft, von da an bis zur Prüfung unter Wasser erhärtet sind. Zugprobe. Zerreiß-Querschnitt 5 qcm, Minimalzugfestigkeit 8 kg pro qcm. — Druckprobe an Würfeln mit 10 cm Kantenlänge: Minimaldruckfestigkeit 50 kg pro qcm. Bei trockener Löschung zu beachten: die gehörig zerkleinerten Kalkstücke sind in Körbe aus Weiden- oder Drahtgeflechte zu schaffen und unter Wasser zu bringen, bis keine Luftblasen mehr aufsteigen. Hierauf Aufschütten in Haufen von ca. 1 m Höhe und Bedecken derselben mit 15 bis 20 cm hoher Sandschicht. Nach 14 Tagen dürfen sich keine körnige Teilchen mehr vorfinden. Letztere sind auszusieben. Nach anderer Methode werden die ca. 0,75 cm enthaltenden Haufen mit der Gießkanne begossen, sonst wird wie vorstehend verfahren.

Kalkpulver vor Nässe und Feuchtigkeit zu schützen.

Für nasse Löschung wie bei Luftkalk zu verfahren. Bezüglich der Wasserzuführung noch größere Vorsicht geboten.

Lieferung von Traß und Tuffstein.

Proben auf Druckfestigkeit bei Lieferung von Traß (Würfel von 10 cm Seite aus 2 Volumteilen Traß und 1 Volumteil Fettkalk) nach 40tägiger Erhärtungsdauer unter Wasser während einer mittleren Temperatur von 20° C. soll eine Festigkeit von 1700 kg ergeben, Verpackung in Säcken.

Für Tuffstein ist die Bezugsquelle anzugeben. Vorschriften über specifisches Gewicht und Minimalgröße der einzelnen Stücke (0,002 oder 0,03 cbm).

Strenge Vorschriften über Schutz gegen Nässe und Feuchtigkeit bei Traß und Tuffstein nicht geboten.

Lieferung von Portlandcement.

Offerte mit Angabe der Bezugsquelle (Fabrik). Für die gesamte Lieferung ist nur aus einer Fabrik zu beziehen.

Über Qualität siehe die Normalvorschriften in „Benkwitz, das Veranschlagen von Hochbauten". Der Cement muß vollständig trocken, ohne fremde Beimischung, ohne feste Krusten und Klumpen sein.

Bei Zweifel über das Ergebnis der Festigkeitsproben ist die für beide Teile bindende Entscheidung der Prüfungsstation zu . . . einzuholen.

Der Cement lagert unter Verschluß des Lieferanten. Ablieferung nach Bedarf auf Bestellzettel. Bestimmung über den Beginn der Lieferung und die Anzahl der wöchentlich zu liefernden Faß (kg). Bei Nichterfüllung der Verbindlichkeiten voller Schadenersatz zu fordern eventl. Beschaffung von Cement für jeden Preis auf Kosten des Lieferanten.

Einreichung der Rechnung nach jedesmaliger Lieferung von mindestens 250 Faß (50 000 kg) Zahlung eventl. bis zur vollen Höhe.

Lieferung von Romancement.

Qualität für jeden Einzelfall festzustellen. Sonstige Bedingungen wie vor.

Ausführung von Asphaltarbeiten.

Preise einschl. Vorhalten und Anfahren der Kochkessel, der Lieferung des Brennmaterials und aller Materialien.

Zu verwenden nur natürlicher Asphalt und Goudron bester Qualität. Beimischung fremder Materialien (Rückstände von Teer, Pech, Harz 2c.) ausgeschlossen. Bezugsquellen (Herkunft) anzugeben. Originalbrode unzerschlagen anzuliefern.

Goudron bei 10° C. völlig erstarrt, bei 40 bis 50° C. flüssig, bei der Handwärme zu langen Fäden ausziehbar. Nach dem Wiedererstarren ursprüngliche Härte und Sprödigkeit.

Kies und Streusand lehmfrei, gewaschen, von gleichmäßigem Korn.

Arbeit mit wenigstens 2 Öfen durch geübte Arbeiter. Für Feuerschaden hat Unternehmer Ersatz zu leisten.

Asphalt bis auf Faustgröße zu zerkleinern. Zusatz von Goudron (Bitumen) pro 100 kg Asphalt auf . . kg anzunehmen.

Vor dem Auftragen Unterlage auf Reinheit, Trockenheit, guten Fugenschluß zu untersuchen. Benutzung eiserner Schienen von vorgeschriebener Auftragsdicke. Asphalt ohne Anstöße wasserdicht zu verlegen. Flächen, die nicht überschüttet werden, mit Streusand in Vogeldunstgröße zu übertragen. Derselbe, solange die Masse noch heiß ist, aufzubringen, einzuwalzen oder einzureiben.

Masse nur bei Temperatur von über 50° R. zu verwenden.

Isolierschichten durchgängig 1 cm stark, müssen vollständig gegen aufsteigende Erdfeuchtigkeit schützen, dürfen durch Sommerwärme nicht aus den Mauerfugen hervorquellen.

Beläge der Korridore, Durchfahrten 2c. dürfen keine Risse, Blasen oder Sprünge zeigen, bei der höchsten Sonnenwärme nicht weich werden, bei höchster Winterkälte nicht reißen.

Ausführung der Steinmetzarbeiten.

Preise einschl. Materialtransport zur Baustelle, Hilfeleistung beim Versetzen, Vorhaltung der Geräte und Hebezeuge, Lieferung und Anbringung von Verankerungen, Herstellung von Modellen zu Schablonen.

Arbeitskräfte. Auf 2 Gesellen und 1 Arbeiter des Maurers 1 Geselle und 1 Arbeiter des Steinmetzen zu rechnen.

Bedienung der Fahrschlitten und Winden auf dem Gerüstpodium stellt die Bauverwaltung. Abladung und Transport bis zur Windestelle ist Sache des Unternehmers.

Rüstungen. Für Fassaden-, Zwischenrüstung und Absteifung der Gesimse sorgt die Bauverwaltung.

Hebezeuge. Alle zum Versetzen nötigen Vorkehrungen hat Unternehmer zu besorgen (Hebezeug, Walzen, Keile, Bleiplatten 2c.). Schutzvorrichtung für Gesimse besorgt die Bauverwaltung. Bis zur Abdeckung ist Unternehmer für alle Beschädigungen der Werksteine verantwortlich. Lagerung größerer Quantitäten von Werksteinen nach Genehmigung der Verwaltung.

Verankerungen. Nach Anweisung. Eisen verzinnt (auch verzinkt). Große Verankerungsteile für Hauptgesimse liefert die Bauverwaltung, kleinere, auch Dübel, sowie Gußblei, einschl. Einstemmen der Löcher hat Unternehmer zu besorgen.

Modelle und Zeichnungen. Letztere werden von der Bauverwaltung geliefert. Werkzeichnungen und Modelle hat Unternehmer zu fertigen (reichere ornamentale Details auch oft von der Bauverwaltung). Modelle zur Probe in entsprechenden Höhen anzubringen eventl. zu verändern.

Schwellen und Stufen aus je einem Stück zu fertigen.

Qualität des Materials. Sandstein für Fassaden aus einem Bruch. Sichtbare Flächen fein und kunstgemäß zu schleifen, Granit sauber zu stocken, Kalkstein zu scharrieren (Streifen von oben nach unten gerichtet).

Fugflächen der Werksteine gespitzt und vollflächig. Schluß der Lager- und Stoßfugen in den Ansichtsflächen 6 mm. Lagerflächen in dieser Stärke auf das ganze Steinlager durchzuführen, Stoßfugen bis auf 50 mm nach innen, von da an 8 bis 10 mm weit. Fehlende Kanten nach innen ausnahmsweise zulässig, wenn der fehlende Teil sich nicht mehr als $^1/_{10}$ der betr. Kante, bezw. Breite der Fläche ausdehnt.

Bearbeitung der Stufen und Schwellen. Bearbeitung wie oben. Granitschwellen besonders fein zu stocken. Eingemauerte Teile durchaus vollflächig, vollkantig und gespitzt. Bei ummauerten Schwellen und Stufen darf an den nicht bearbeiteten Teilen die Vollflächigkeit bis $^1/_3$ herab beschränkt werden.

Ausführung der Zimmerarbeiten.

Nebenleistungen. Preise einschl. Transport zur Baustelle und Aufbringen der Verbandhölzer, Lieferung aller Nägel, Eisenzeug zur Verbindung und Befestigung der hölzernen Treppen. Herstellung der Nutungen der Geschoßbalken und Fachwerkshölzer. Befestigung des seitens der Bauverwaltung gelieferten Eisenzeuges (Klammern, Bolzen, Anker); Ausführung des Kreosotanstrichs der mit Mauerwerk in Verbindung kommenden Holzteile (Mauerlatte, Balkenköpfe, Thürzangen [Kreosot liefert die Bauverwaltung]). Hilfeleistung beim Anschlagen der Thore und Thüren; etwa nötig werdendes Sortieren der Hölzer; Anfertigung von Werkzeichnungen zu allen schwierigeren Konstruktionen. Vorlegen derselben behufs Genehmigung.

Ausführung im allgemeinen. Ausführung auf Grund der Zeichnungen und getroffenen Vereinbarungen. Holzstärken genau innezuhalten. Ein Mehr an Holzstärken, selbst wenn die Abnahme erfolgt, wird nicht bezahlt. Für Verschnitt wird nichts vergütet. Berechnung nach wirklichen Längen, einschl. der Zapfen. Stichmaße vom Unternehmer selbst auf dem Bau zu nehmen. Fehlerhafte oder nach unrichtigen Maßen gefertigte Arbeiten zu entfernen, andernfalls geschieht dies auf Kosten des Unternehmers.

Qualität des Materials. Durchaus gesundes, kerniges Kiefernholz. Kreuzholz, gewonnen durch Auftrennen von Ganzholz. Bauhölzer fluchtrecht und winkelrecht geschnitten. Für Balkenhölzer am Zapfende Baumkante auf einer Seite von 4 cm, für schwächere Hölzer von 2 cm, diagonal gemessen, gestattet. Im mittleren Teil, auf $^2/_3$ der Länge vollkantig. Alle, wenn auch nur zum Teil gehobelte Hölzer vollkantig. Bretter gehörig ausgetrocknet, möglichst astfrei. Äste über 3 cm Durchmesser, lose, faule, harzige Äste ausgeschlossen. Nägel für Bretter müssen als Länge die dreifache Brettstärke haben.

Bearbeitung und Verbindung der Hölzer. Schwellen und Rähme von geringerer Länge als 8 m, Sparren und Binderbalken dürfen nicht gestoßen werden. Stöße mittels schrägen Hakenblattes zu bewirken. Bei Versatzungen, Verblattungen, Verzapfungen, Schiftungen und Verkämmungen sind die Verbindungen gut schließend anzufertigen. Berührungsflächen zu hobeln. Mauerlatten in den Stößen zu überblatten, in die Balken einzukämmen. Balken über 6 m freitragend und darüber sind mit Doppelfalz für Kreuzstakung zu versehen und zum Einziehen der Zugbolzen zu verbohren. Streben von Hänge- und Sprengewerken mit einfacher, bezw. doppelter Verfalzung. Zwischen Hirnholz und Hirnholz bezw. Hirnholz und

Langholz sind ohne Entschädigung Bleiplatten einzulegen. Bei Aufstellung von Hängewerken ist der Hauptbalken etwas zu sprengen. — Verwendung der Hölzer zu Rüstungen unstatthaft. Beschädigungen des Mauerwerks beim Aufbringen der Balken 2c. seitens des Unternehmers zu beseitigen. Änderungen am Mauerwerk nur durch Maurer vorzunehmen.

Brettarbeiten. Bretter mit der Kernseite nach unten, zweimal zu nageln. Gehobelte und profilierte Flächen vollkommen rein, glatt und ohne sichtbare Hobelstöße.

Die Fußbodendielen auf ihrer ganzen Länge gleich breit (nicht über 20 cm). In demselben Raum Differenz der Brettbreite höchstens 2 cm. Senkrecht zu den Lagern und durchaus eben zu verlegen. Im ersten Jahr dürfen keine Verwerfungen der Dielen und keine Fugen über 2 mm Breite entstehen, widrigenfalls Unternehmer unentgeltlich die Ausspähnungen besorgen, eventl. auf Anordnung die Böden aufnehmen und durch neue ersetzen muß.

Da wo Dielen gestoßen werden müssen, sind Friese von mindestens 10 cm Breite einzulegen.

Scheuerleisten, gehobelt und gekehlt, sind in den Stößen auf Gehrung zusammenzuschneiden.

Deckenschalungsbretter nicht über 16 cm breit, für Dachschalung, Schieferdach nicht über 20 cm, für Zinkblechdächer nicht über 16 cm. Stöße nicht zu verwechseln. Deckenschalung an den Stößen und Mauern scharf einzupassen. Bei sichtbaren Verschalungen (überstehende Dächer) Bretter von gleicher Breite. Trauf-, Wind- und Zierbretter mit 6 cm langen Holzschrauben zu befestigen.

Gehobelte Wandverschalungen aus Brettern von gleicher Dicke, Deckleisten nur auf einem Brett zu nageln. Nagelköpfe in vorgebohrten Löchern zu versenken und zu verkitten.

Sonstige Arbeiten. Thürdübel keilförmig mit 8 cm langen Dollen in der Mitte. Tiefe der genau rechtwinklig zu arbeitenden Thürzargen = Mauerdicke + 2 Putzstärken.

Für Treppengeländer, falls nicht besondere Zeichnungen vorliegen, für Handgriffe, Pfosten, Sprossen sind Muster behufs Genehmigung seitens der Bauverwaltung vorzulegen.

Stakerarbeiten.

Staken aus gesundem Klobenholz oder aus gespaltenen Lattstämmen bestehend.

Stärke mindestens 8 cm. Auch Schwarten von gesunden Stämmen, in der Mitte 3,5 cm stark. Scharf in die Falze und dicht aneinander einzutreiben. Fester Anschluß an Mauerwerk. Fugendichtung mit Strohlehm. Lehm fett, frei von erdigen Bestandteilen und Steinen. Nach dem Trocknen des Strohlehms Auftrag von reinem trocknen Sand oder Coaksasche bis Balkenoberkante.

Beim Eintreiben der Staken sind die Balken untereinander abzuspreizen, damit dieselben nicht seitwärts gedrängt werden.

Reinigung der Stakung vor Einbringung des Stakmaterials ist Sache des Unternehmers.

Schmiedearbeiten.

Preise einschl. Lieferung bis Baustelle. Schmiedeeisen muß zäh, sehnig und von hakigem Bruch sein, nicht kalt- noch rotbrüchig. Oberfläche rein ausgewalzt, nicht durch Schlacken verunreinigt. Biegungen, Drehungen, Kröpfungen in rotglühendem Zustande auszuführen, ohne Sprünge, Risse oder verbrannte Stellen. Bei Schweißungen innige Verbindung erforderlich. Rund-, Quadrat- und Flacheisen an allen Stellen von gleichartigem Querschnitt. Kanten geradlinig und scharf. Schraubengewinde vollständig ausgeschnitten, Muttern leicht aufdrehbar ohne zu schlottern. Muttern und Köpfe so hoch wie Bolzenstärke. Für gleichstarke Bolzen alle Muttern zu demselben Schraubenschlüssel passend. Anker-Ösen durch Schweißung herzustellen. Löcher für Nägel in rotglühendem Zustande durchzutreiben, event. durch Bohrung herzustellen.

Gewichte für Anker nach Anweisung möglichst genau innezuhalten. Mehrgewicht bis höchstens 5%, zulässig. Darüber hinausgehende Gewichte werden nicht vergütet. Stichmaße hat Unternehmer selbst an den Zimmerkonstruktionen zu besorgen.

Gewichtermittlung durch Wagezettel zu bescheinigen seitens des Baubeamten. Eisenteile, über welche Wage- und Lieferungsschein fehlen, werden nicht bezahlt.

Lieferungszeit. Bei unpünktlicher Lieferung Besorgung der Eisenteile durch Andere auf Kosten des Unternehmers um jeden Preis.

Lieferung und Aufstellung von Eisenkonstruktionen.

Umfang der Verpflichtungen.

Preise einschließlich Anfertigung und Verbindung sämtlicher Konstruktionen, Transport zur Baustelle, Montierung und Aufstellung, Transport und Vorhaltung, Aufstellung und Beseitigung der Rüstungen, Schutzvorkehrungen, Vorhaltung der Geräte und Werkzeuge;

die Ausführung der erforderlichen Materialprüfungen;

„ Herstellung der Werkzeichnungen und Modelle;

„ Reinigung der Konstruktionsteile und Herstellung der vorgeschriebenen Anstriche;

„ bei der Aufstellung und Montierung erforderlichen Messungen im Anschluß an die von der Bauverwaltung dem Unternehmer gegebenen Achsen, Höhepunkte und Auflager.

Werkzeichnungen. Ausführung genau nach den für den Unternehmer beglaubigten Kopien. Im Anschluß hieran Anfertigung von Werkzeichnungen seitens des Unternehmers ($^1/_{10}$ nat. Gr.) mit allen Maßen und Nieten (wo erforderlich Zeichnungen in nat. Gr.).

Zeichnungen in 2 Exemplaren mit Unterschrift bis zu einem bestimmten Termin zur Genehmigung vorzulegen. Zurücklieferung eines revidierten Exemplars in . . . Tagen.

Etwaige vorzuschlagende Änderungen gegen die Vertragszeichnung müssen vor Einreichung der Werkzeichnung Erledigung finden.

Namhaftmachung der Hüttenwerke.

Gewichtsberechnung. Die von der Bauverwaltung aufgestellte Gewichtsberechnung ist vom Unternehmer zu prüfen, etwaige Fehler sind zur Anzeige zu bringen.

Bei überschlägiger Gewichtsberechnung, event. nach stattgehabten Änderungen hat Unternehmer eine neue Gewichtsberechnung und Werkzeichnungen in 2 Exemplaren einzureichen.

Einheitsgewichte pro cbm als Grundlage der Berechnung:

für Stahl, bezw. Flußeisen 7850 kg; für Gußeisen 7250 kg; für Schweißeisen (Schmiedeeisen) 7780 kg.

Qualität und Prüfung der Materialien. Schmiedeeisen: sehnige Textur, tadellos, weder warm-, noch kaltbrüchig, nach den Biegeproben im Äußeren ohne unganze Stellen, auch keine eingewalzte Schiefer oder Schlacken enthaltend.

Gußeisen. Eisen grau, weich, sauber in vorgeschriebenen Dimensionen. Blasen, Löcher, Risse, krummgezogene Teile oder sonst mangelhaftes Material ausgeschlossen. Ein gegen die Kante des Gußstücks geführter Schlag mit dem Hammer muß einen Eindruck zurücklassen, darf aber kein Abspringen der Kante veranlassen.

Minimalfestigkeit:

Gegen Zug . . . 1100 kg pro qm; gegen Druck . . . 6000 kg pro qm. Gußeiserne Säulen bis zur doppelten Höhe derjenigen Belastung, für welche sie berechnet sind, zu prüfen.

Differenzen in den Wanddicken nur soweit zulässig, daß die größte Differenz nie mehr als 3 mm bei vorgeschriebenen Wandstärken von 10 mm; 4 mm bei solchen von 15 mm und bei größeren vorgeschriebenen Wandstärken betragen darf. Querschnittsfläche stets nach Vorschrift.

Reinigung und Anstrich. Entfernung von Rost und Hammerschlag vor dem Zusammensetzen. Reinigungsverfahren nach Genehmigung der Bauverwaltung. Für etwaiges Nachrosten ist Unternehmer verantwortlich.

Gereinigte Stücke unmittelbar mit siedend heißem Leinöl satt zu streichen und bis zum Trockenwerden ausreichend zu schützen.

Zusammengesetzte Konstruktionsteile bis zur vorläufigen Abnahme ohne Anstrich zu belassen. Nach der Abnahme mit Bleimennige zu streichen. Fugen der Berührungsflächen mit Mennigekitt auszustreichen. Konstruktionsteile, die eine Wasseransammlung möglich machen, sind mit Asphaltkitt zu füllen.

Bei Verzinkung vollkommen gleichmäßiger Überzug. Verzinkte Teile müssen sich bis zum Bruch hin- und herbiegen lassen, ohne daß Metallblättchen sich ablösen. Zinküberzug vollkommen bleifrei.

Bearbeitung und Verbindung der Materialien.

Alle Konstruktionsteile, der Werkzeichnung entsprechend, müssen folgende Bedingungen erfüllen:

a) Bei Nietungen und Verschraubungen durchaus dichte Fugen erforderlich.

b) Verstemmen der Fugen vor Abnahme und Prüfung untersagt; Zusammenschweißen nur wo genehmigt, gestattet.

c) Eisen in den Verkröpfungen und Biegungen darf weder verbrannt sein, noch darf es durch die Bearbeitung gelitten haben; Querschnitt dort der normale.

d) Gebohrte oder gedrückte Nietlöcher für schmiedeeiserne Platten gestattet; sonst alle Schrauben- und Nietlöcher zu bohren.

Bei aufeinander treffenden Löchern Verschiebungen bis höchstens 4% des Durchmessers zulässig, wenn durch Aufreiben ausgleichbar.

e) Nietlöcher genau nach Vorschrift, vor dem Einsetzen der Niete von jedem Grat zu befreien, auch mittels Wischer gehörig zu reinigen.

f) Niete hellrot warm zu machen, dann von Glühspahn zu befreien. Bearbeitung des aufzustauenden Kopfes so lange bis die Glühhitze vorüber ist.

g) Stärke, Form und Entfernung der Niete voneinander genau zu beachten. Lage der Nietköpfe central, überall dicht anschließend, ohne Risse.

h) Schraubengewinde nach der Withworth'schen Skala. Schraubenmuttern müssen einen leichten Gang haben, ohne zu schlottern.

Bemerkung. Die Reinigung soll entweder durch eine Drahtbürste oder durch Beizen mit verdünnter Salzsäure erfolgen. Nach dem Beizen zurückbleibende Säure ist durch Eintauchen des Eisens in Kalkwasser zu entfernen. Hierauf Abspülung mit reinem Wasser.

Auflagerung. Stichmaße von den Auflagermauern &c. vom Unternehmer zu besorgen. Auf Antrag hierzu kann seitens des Baubeamten Assistenz gewährt werden. Druckabgabe auf das Auflager, auch auf die Unterlagsquader muß vollkommen gleichmäßig sein. Hierzu ist zwischen Grundplatte des Auflagers und den Widerlags- bezw. Auflagersteinen durch Eintreiben von schlanken Keilen eine Fuge von 10 bis 13 mm Weite herzustellen und diese durch Cement (bezw. eines aus Blei und Antimon bestehenden Hartmetalls) auszufüllen. Nach Erhärten der Masse sind die Keile zu entfernen. Verlegen und Vergießen der Auflagerplatten (einschl. des Metalls, ausschl. des Cements) wird nicht besonders vergütet. Etwa erforderliche Maurer- bezw. Steinmetzarbeiten läßt die Bauverwaltung anfertigen.

Rüstungen und Aufstellungsmethode. Methode der Aufstellung der Konstruktionen und Art der Rüstungen bleibt im allgemeinen dem Unternehmer überlassen.

(Falls besondere Anordnungen erforderlich erscheinen, sind diese hier genau anzugeben).

Zeichnungen der Gerüste (Maßstab 1:100) . . . Wochen nach Vertragsabschluß vorzulegen zum Zwecke der polizeilichen Genehmigung der Rüstungskonstruktion.

Für Unfälle bei den Aufstellungsarbeiten ist Unternehmer allein verantwortlich.

Überwachung und Kontrolle der Arbeiten.

Revision und vorläufige Abnahme der Konstruktionsteile erfolgt in den Werkstätten. Dem betreffenden Techniker ist Zutritt zu gewähren, demselben auch jede gewünschte Auskunft zu geben, auch sind demselben unentgeltlich die zur Prüfung nötigen Werkzeuge, Vorrichtungen und Arbeiter zu stellen, event. läßt die Verwaltung die Prüfung auf Kosten des Unternehmers ausführen.

Bei der Prüfung etwa zerstörte Teile werden nicht vergütet.

Revision seitens des Unternehmers mindestens 8 Tage vorher schriftlich zu beantragen.

Auswahl von jeder Gattung mehrere Stücke seitens des kontrollierenden Beamten. Für etwa neu zu ersetzende Teile wird keine Termins-Verlängerung gewährt.

Gewichts-Ermittlung. Alle Konstruktionsteile sollen, wenn möglich, gewogen werden. Läßt sich dies nicht durchführen, so werden seitens der Verwaltung bestimmte Stücke gewogen. Durch Vergleichung der direkt bestimmten mit den durch Rechnung ermittelten Gewichten wird das specif. Gewicht festgestellt, welches für die Berechnung des Gesamtgewichts der Konstruktion aus dem Volumen zu Grunde zu legen ist. (Kleine Konstruktionen werden im ganzen gewogen.) Bezahlung nach den vereinbarten Einheitssätzen, falls eine Gewichtsübersteigung von nicht mehr als 3% vorhanden. Weiteres Mehrgewicht wird nicht bezahlt, Mindergewicht wird in Abzug gebracht.

Konstruktionsteile von mehr als 2% Mehrgewicht können zurückgewiesen werden.

Prüfung und Abnahme des fertigen Objektes.

Besondere Bestimmungen, für jeden einzelnen Fall sorgfältig auszuarbeiten, namentlich mit Bezug auf die Probebelastung.

Gußeiserne Säulen und Träger mit dem doppelten Gewicht, welches sie zu tragen bestimmt sind, zu belasten.

Eine geringe, bleibende Durchbiegung, sofern hierbei keine bleibende Deformation der einzelnen Konstruktionsteile (Trennung an den Verbindungsstellen 2c.) nachgewiesen werden kann, gilt nicht als fehlerhaft. Bei weiteren Versuchen dürfen jedoch keine ferneren bleibenden Durchbiegungen eintreten.

Die gemessenen elastischen Durchbiegungen (bei ruhender und bei bewegter Last) dürfen die berechneten um 15 % nicht übersteigen. Die Bauverwaltung ist berechtigt, die rechnungsmäßig zulässige Durchbiegung für jeden Fall festzustellen und das Ergebnis der statischen Rechnung beizufügen.

Bei Probebelastung Rücksichtnahme auf etwa eintretende Temperaturdifferenz (unregelmäßige Bestrahlung durch die Sonne).

Prüfung kann auch durch unmittelbares Messen der Deformationen einzelner Trägerteile mit Hilfe passender Apparate geschehen.

Alle Mängel, entstanden durch Fehler in der Ausführung oder im Material sind in bestimmter Frist zu beseitigen.

Die Kosten der Probebelastung trägt die Verwaltung.

Abnahme und Garantie. Revision und Gesamtabnahme ist binnen . . . Wochen nach vollständig bewirkter Aufstellung zu bewerkstelligen. Von diesem Zeitpunkt an bleibt Unternehmer noch 1 Jahr für den normalen Zustand und vorschriftsmäßige Ausführung verantwortlich.

Schlosserarbeiten.

Preise einschließlich des Anschlagens aller Stücke, des Mennigeanstrichs der nicht sichtbar bleibenden Eisenteile nach der Abnahme, Befestigung der Schrauben, Schraubenbolzen, Reinigen. Ölen und Gangbarmachung der Beschläge. Gewöhnliche Handelsware ausgeschlossen.

Eisen weder kalt- noch rotbrüchig, nicht verbrannt beim Ausschmieden. Rund- und Quadrateisen überall von gleichem Querschnitt, Kanten geradlinig und scharf, Flächen, namentlich bei Blechen, eben. Gegossene Teile blasenfrei. Material weich und zähe, in der Härte den Messingteilen der Proben entsprechend.

Bei Berechnung nach Gewicht Differenz von höchstens 5 % zulässig. Mehrgewicht über 5 % wird nicht bezahlt, die betreffenden Gegenstände werden zurückgewiesen, wenn mehr als 5 % am Gewicht fehlt. Bezahlung nach wirklichem Gewicht. Beschlagteile genau passend nach Maßen, die sich Unternehmer selbst zu beschaffen hat. Thürbeschläge sollen beim Öffnen ein geringes Anheben der Thür bewirken. Aufsatzbänder, auf den Dorn tragend, zu fertigen.

Schlösser zweitourig, Federn kräftig, nicht erlahmend, Gang leicht, Schlösser ganz sicher und genau schließend.

Für die Prüfung mit abzuschraubender Decke zu versehen. Abnahmefähige Schlösser werden auf dem Stulp mit Stempel versehen.

Schlüssel geschmiedet, sauber abgefeilt und nachpoliert, nicht länger als nötig, in je 2 Exemplaren anzuliefern. — Sämtliche Schlüssel ungleich. Für zusammengehörige Räume nach Anordnung je ein Hauptschlüssel ohne besondere Vergütung zu liefern. Schlüssel numeriert mit hölzernen Täfelchen nach Angabe zu versehen.

Fensterverschluß so einzurichten, daß beim Schließen durch Gleiten auf einer schrägen Fläche ein allmählich zunehmendes Andrücken der Rahmen gegeneinander stattfindet.

Dimensionen, falls nichts anderes vorgeschrieben, sind bei Thür- und Fensterbeschlägen folgende:

Einzulassende Scheinecken 18 mm breit, 2 mm stark, Schenkel mindestens 10,5 cm lang mit 5 Löchern.

Aufsatzbänder der 4- und 6 flügl. Fenster: für die oberen Flügel 10,5 cm hoch, 2 mm stark, für die unteren 13 cm hoch, 2 mm stark. Aufsatzbänder der Thüren sind auf Mitte gerichtet 18,5 cm hoch, 4 mm stark.

Beschlagteile mit Schrauben, Köpfe versenkt, zu befestigen. Schrauben einzudrehen, nicht einzuschlagen.

Alle Arbeiten ohne Anstrich abzuliefern, mit Öl abzureiben, Scheinecken an der Unterseite mit Mennigeanstrich.

Beschläge erst nach erstem Anstrich der Tischlerarbeiten anzubringen. Durch den Schlosser herbeigeführte Beschädigungen durch diesen auf seine Kosten zu beseitigen.

Nach Fertigstellung der Anstriche müssen alle Beschlagteile nochmals durchgesehen, geölt und gereinigt werden, auch vollkommen gangbar gemacht werden.

Schieferdeckerarbeiten.

Preise einschließlich der Lieferung und Eindeckung der Leiterhaken, Unterhaltung des Daches während der ersten 3 Jahre, vom Datum der Abnahme an gerechnet.

Einreichung von Proben, auch Probe der Gratschiefer, mit Angabe des Bruches, Probe von Schiefernägeln.

Eindeckungsart (auf Latten oder Schalung) in englischer Art mit 10 cm Überdeckung jedes dritten Steines.

Latten, vollkantig, astfrei, gesund, vom Unternehmer zu beschaffen. Vor Eindeckung auf Schalung hat Unternehmer etwaige Mängel derselben zur Anzeige zu bringen.

Schiefer von gleichmäßiger Farbe und Stärke, durchaus witterungsbeständig, dicht, feinkörnig, hellklingend, ohne fremde Körper (als Quarzkörner, Schwefelkies 2c.).

Angabe der Abmessungen, Unterflächen eben, Kanten scharf und genau.

Seitenkanten der Steine genau aneinander zu fügen, die reinsten Plattenseiten nach oben gekehrt. Tafeln von nicht ganz gleichmäßiger Stärke so zu verlegen, daß die dünnere Kante die überdeckte wird. Jede Platte mit 2 Nägeln zu befestigen. Trichterförmige Erweiterung der Nagellöcher nach oben gerichtet. Bußnagellöcher der Schlußsteine in umgekehrter Richtung. Eindeckung der Grate mit Patentschiefer (an den Enden gefalzt). Unter den Stößen Bleilagen von 5 cm Breite. Befestigung mit verzinnten (verbleiten oder verzinkten) Schrauben. Schiefernägel, 3 cm lang, aus zugfestem Eisen und verzinnt (verzinkt oder verbleit), geschmiedet. 140 Stück = 1 kg.

Bei Lattung Verstreichen des Daches mit Ölkitt (Bleiglätte, abgekochtem Leinöl und Portland-Cementpulver).

Leiterhaken aus zähem, sehnigen Eisen mit 3 Stück 8 cm langen, an den Kanten aufgehauenen Nägeln zu befestigen. Haken in heißem Zustande in Leinöl zu legen, später mit Asphaltüberzug zu versehen. (Pro 20 qm Dachfläche 3 Haken.)

Bei Berechnung kein Abzug an Fläche für Schornsteine, kleine Dachfenster und in Zinkblech ausgedeckte Kehlen.

Reparaturen während der dreijährigen Garantiezeit, falls diese nicht durch nachweislich ungeschicktes Betreten des Daches veranlaßt wurden, binnen 8 Tagen zu fertigen. widrigenfalls dies auf Kosten des Unternehmers geschieht.

Eindeckung mit Holzcement.

Vor Beginn hat Unternehmer die gespundete Dachschalung zu untersuchen und Mängel anzuzeigen. Spätere Berufungen auf Mängel der Schalung bleiben unberücksichtigt.

Vor Auflegen der ersten Papplage ist eine etwa 1 cm starke Sandschicht aufzusieben. Material vom Unternehmer zu liefern.

Eindeckung aus einer Lage bester Goudronpappe und 3 Lagen bestem Holzcementpapier mit jedesmaligem heißen Holzcementanstrich. Breite der Papierlagen 1,0 bis 1,5 m, von der Traufe nach dem First gehend, Überdeckung 16 cm mit wechselnden Stößen. Papierlagen ohne Falten, Andrücken mit der Hand oder weicher Bürste. Überdeckungen mit Holzcement besonders zu dichten.

Bei Regenwetter darf nicht gearbeitet werden, feucht gewordenes Papier ist nicht verwendbar.

Die dritte Papierlage mit etwas stärkerem Holzcement zu überziehen, dann etwa 1 cm hoch mit trockenem Sande zu übersieben. Hierauf ist eine 4 cm hohe Schicht von Chausseeschlick und diese endlich mit 4 cm starker Schicht von Brunnenkies zu überschütten (auch lehmiger Kies wird verlangt).

Garantiezeit 5 Jahre nach der Abnahme. Verlust an Deckkies durch Wind von der Verwaltung zu tragen, sonst hat Unternehmer jeden nicht durch fremde Ursachen entstandenen Schaden auf seine Kosten zu beseitigen.

Klempner-, (Spengler-, Flaschner-) Arbeiten.

Preise einschl. aller Materialien und Nebenarbeiten, sowie Schutzanstriche und Überzüge, des Transportes aller Materialien und Geräte, sowie Vorhaltung der letzteren, der Modelle für wichtige und komplizierte Arbeitsteile, der Vorhaltung und Befestigung provisorischer Abfallrohre.

(Besondere Bestimmungen wegen etwaiger Provisorien während des Winters.) Angabe der Vollendungsfristen.

Zinkblech von bester Qualität, fehlerfrei, gleichmäßig dick, auf der Oberfläche glänzend, ohne Wellen, Risse, Blasen und Abblätterungen, weder brüchig, noch spröde, ohne Risse beim Biegen.

Zinkblechstärken nach Vorschrift (1 qm von Nr. 11, 12, 13 . . . 2c. muß die erforderliche Stärke und Gewicht haben).

1 qm	Zinkblech	1 mm	dick wiegt	=	6,90 kg
1 „	„	2 „	„ „	=	13,80 „
1 „	„	3 „	„ „	=	20,70 „
1 „	„	4 „	„ „	=	45,60 „

Sämtliche Blecharbeiten wasserdicht und gesichert gegen Abheben durch Wind herzustellen, auch derart verschieblich zu verbinden und zu befestigen, daß eine ungehinderte Bewegung bei Temperaturunterschieden möglich ist.

Zinkblech darf nicht mit Eisen in Berührung gebracht werden. Nägel, Rinneisen, Schellenbänder daher zu verzinken, event. in heißem Leinöl zu legen und später mit Asphaltlack zu überziehen. Breite der Lötnähte 15 mm, der gefalzten Nähte 30 mm, der Saumfalze 26 mm. Bei Schiebenähten der Dachdeckungen und Kehlen soll der untere Falz um 6 mm schmaler sein als der obere, 30 mm breite. Tafeln zu den Kehlen an den Längsrändern zu falzen und durch gefalzte Hefte zu befestigen. Quernähte zu löten. Für Kehlen über 4 Tafeln Länge ist eine Schiebenaht anzuordnen. Mittlerer Teil der Kehle rinnenförmig in 8 bis 10 cm Breite in die Dachfläche einzulassen. Schornsteinkasten auf der Firstseite mit Grat auf Einschalung einzudecken. Aufbiegung 0,2 m hoch, mit Abschlußstreifen zu verfalzen, letzterer in einen Falz einzulegen und mit Bankhaken zu befestigen.

Gesimsabdeckungen mit verzinkten Drahtdübeln zu befestigen, welche auf einem steinernen Gesims zu verbleien sind. Löcher im Zinkblech länglich, Dübel mit Unterlagsplättchen und Deckbuckeln. Längere Gesimsabdeckungen erhalten Schiebenähte.

Rinnen nach Spezialbestimmungen. Entfernung der Rinneneisen voneinander 50 cm.

Abfallrohre mit Lötnaht nach außen, Rohrschellen 6 mm stark, 18 mm breit, mit Scharnieren, in je 2 m Entfernung anzubringen. Kniestücke sorgfältig zu arbeiten. Bei Abfallröhren durch Gesimse Futter mit 1,5 mm größerem Durchmesser ohne besondere Vergütung anzubringen.

Vor Beginn der Eindeckung hat Unternehmer sich von der Beschaffenheit der Schalung zu überzeugen, Mängel anzugeben, spätere Einwände bleiben unberücksichtigt.

Berechnung nach wirklichen Maßen mit Zuziehung der Aufbiegungen. Überlötungen und Falze werden nicht berechnet, ebenso Dachrinnen ohne Stöße und Überlötungen anzurechnen.

Tischlerarbeiten.

Der Offerte ist ein mit Rahmen und Füllung und mit überschobenen Leisten und Kehlstößen bearbeitetes Probestück von ca. 50

zu 50 cm Größe beizufügen. Es ist dies maßgebend für die Qualität der Arbeit und des Materials.

Die im Leistungsverzeichnis angegebenen Maße sind die Lichtmaße im Mauerwerk. Preise einschl. der Lieferung aller Materialien, Transport bis zur Verwendungsstelle, des Einpassens und Einsetzens, der Nägel, Schrauben, Dübel, ausschl. der Dübel und Fensterbankeisen.

Stichmaße vom Unternehmer zu beschaffen.

Von Gegenständen, die in größerer Zahl anzuliefern sind, hat Unternehmer Probestücke zu fertigen, Änderungen hieran unentgeltlich zu fertigen.

Anfertigung von Werkzeichnungen für die Hauptstücke behufs Genehmigung durch den Baubeamten.

Holz durchaus trocken, gut gewachsen, gesund, zu den Fenstern durchaus astfrei, zu den übrigen Arbeiten möglichst astfrei. Lose, faule, harzige Äste, Äste über 3 cm Durchmesser unzulässig. Das zu verwendende Holz muß nachweislich 3 Jahre in Bohlen, bezw. Brettern gelegen haben. Es ist auf Verlangen dem bauleitenden Beamten der für die Arbeit bestimmte Holzvorrat vorzuweisen. Bei nicht genügendem Nachweis bleibt das Angebot unberücksichtigt.

Zusammensetzung der einzelnen Gegenstände muß in größter Schärfe und Genauigkeit stattfinden, so daß nach Jahresfrist keine Verwerfungen, Risse oder Fugen sichtbar sind. Einstückelungen und Verkittungen sind ausgeschlossen.

Dicke der Zapfen und Federn im allgemeinen = $^1/_3$ der Holzstärke. Eingeschobene Federn aus Buchenholz.

Alle sichtbaren Flächen glatt und fluchtrecht zu hobeln, ohne sichtbare Hobelstöße, Riegel und Streben bei glatten Thüren auf den Schwalbenschwanz einzuschieben. Füllungen, in Tafeln verleimt, müssen sich frei in den Nuten bewegen können. Schlitzzapfen durch die ganze Breite des betreffenden Holzes durchgehend, sind zu verleimen.

Schlagleisten zu Doppelthüren aus Eichenholz.

Thür- und Fensterbekleidungen in den Gehrungen durch Feder und Nut zu verbinden. Thürbekleidungen an den Ecken zur Hälfte ihrer Stärke auf die Gehrung zusammen zu schneiden, zur anderen Hälfte zu überblatten und zu verleimen.

Wasserschenkel und Fensterschlagleisten stets mit dem zugehörigen Rahmholz aus einem Stück zu fertigen. Verbindung der Rahmhölzer durch Schlitzzapfen, nicht zu verleimen, sondern zu verbohren.

Thürbekleidungen und Futter auf den Dübeln oder Zargen mit Holzschrauben zu befestigen. Nagelköpfe in vorgebohrte Löcher zu versenken und zu verkitten. Thürschwellen nach dem Ölen durch Papier oder Brettabdeckung zu schützen. Latteibretter mit Nut zu versehen. Sind dieselben über 20 cm breit, so erhalten sie Einschubleisten.

Unternehmer hat dem Baubeamten jederzeit Zutritt in die Werkstatt zu gestatten, auf Erfordern hat er die Arbeiten vor ihrer Zusammensetzung in der Werkstatt vorzuzeigen.

Endgültige Abnahme erfolgt erst nach fertigem Beschlagen, Anbringung und Gangbarmachung aller Teile.

Glaserarbeiten.

Preise, bezogen auf fertig gestellte Verglasung, einschl. Verkitten und Verstiften der Scheiben (bezw. Einbohren der Löcher in die eisernen Sprossen). Lieferung der erforderlichen Materialien sowie Transport zur Baustelle.

Glas mit Bezug auf Stärke, Färbung und Durchsichtigkeit genau nach Proben, widerstandsfähig gegen Einwirkung der Sonne und der Atmosphärilien, eben und frei von auffallenden Blasen, Falten und Verkrümmungen. Spiegelglas weiß, eben geschliffen, gleichmäßig stark, völlig blasenfrei.

Maße hat Unternehmer selbst zu beschaffen.

Einsetzen der Scheiben mit Spielraum, Stifte bei hölzernen Sprossen von Weißblech, bei eisernen von hartem Holz.

Glaskitt aus Bleiweiß und Kreide mit Leinölfirnis, soll dauernd einige Elasticität behalten.

Vor dem Einsetzen in die Kittfalze sind diese mit Kitt dünn auszulegen, in welchen die Scheiben eingedrückt werden. Hierauf Verstiftung und Herstellung einer glatt gezogenen Kittleiste (Kittsaum).

Verglasung nach einmaligem Anstrich der Tischlerarbeiten vorzunehmen.

Säubern, Reinigen, Putzen der Scheiben ist Sache des Unternehmers und ist vor der Abnahme auszuführen.

Herausnehmen und Einhängen der Fensterflügel ist Sache des Glasers.

Anstreicher- und Malerarbeiten.

Preise einschl. Vorhalten, Aufstellen und Beseitigen der Rüstungen, des Hin- und Hertransportes der betreffenden Stücke auf der Baustelle, der Sicherung der Dielen gegen Beschmutzen, der Schablonen für dekorative Malereien, Ansetzen von Proben, Verkitten der anzustreichenden Stücke, Nachbesserung, Abreibungen von Flecken.

Anzustreichende oder zu bemalende Teile müssen durchaus trocken sein.

Unternehmer hat alle Flächen, einschl. der Fußböden, vor dem Grundieren vollkommen zu reinigen.

Fugen im Holzwerk sind mit Kitt (Kreide und Firnis) auszufüllen. Äste und harzige Stellen sind mit Schellacküberzug zu decken.

Farbstoffe von bester Qualität und fein gerieben. Die Basis der mit Leinöl abzureibenden und mit Terpentinöl zu verbindenden Farben muß aus reinem Bleiweiß und Zinkweiß bestehen. Zusatz von Kreide, Schwerspat ꝛc. unzulässig. Leinöl klar und wasserfrei.

Bei Ölfarbenanstrich auf Holz Grundanstrich von reinem Leinölfirnis mit geringem Farbezusatz, überall in das Holz eindringend (scharfe Pinsel). Nach dem Trocknen Schrauben- und Nagelköpfe sauber einzukitten.

Tränken des Holzes mit Leimwasser vor der Grundierung untersagt.

Für Eisen mit Grundanstrich Bleimennige. Der zweite und dritte Anstrich nach jedesmaligem Trocknen des voraufgehenden.

Stein und Kalkputz, falls durchaus trocken, vor dem Anstrich zu ölen. Anstrich durchaus deckend in 3 bezw. 4 Lagen. Auf Cementputz ist vor dem Grundieren das Annässen mit schwacher Säure (Eisenvitriol- oder Ammoniaklösung) zu besorgen, hierauf ist ein Abspülen mit reinem Wasser zu besorgen. Ölfarbe in langen Pinselzügen aufzutragen. Anstrich durchaus deckend, ohne Flecken und Streifen.

Für Anstrich, durch den Holzstruktur nachgeahmt werden soll, sind besonders geschickte Arbeiter anzustellen. Der Anstrich ist sauber mit Bimsstein abzuschleifen, die Holzmaserung in Essigfarbe durch Schlagen, Kämmen, Adern, Malen naturgetreu nachzuahmen, dann mit Kopallack zu versehen.

Beim Kiefernholz ist der Anstrich in der Richtung der Längsfasern auszuführen. Soll Holz nur geölt werden, so erhält der erste Anstrich keine Farbe, dem zweiten und dritten wird etwas Ocker zugesetzt.

Soll Eichenholz nur geölt werden, ist gereinigtes Leinöl zweimal in kochend heißem Zustande aufzutragen.

Für Leimfarbenanstrich sind die Wände vom Maurer zunächst zu schlämmen, dann zu milchen und zu seifen. Farben gleichmäßig aufzutragen, festsitzend, ohne beim Reiben mit dem Finger abzufärben. Von jedem Farbenton ist Probe zur Genehmigung anzufertigen.

Seitens der Verwaltung können die Farben einer chemischen Untersuchung unterzogen werden. Beim Auffinden ungehöriger Bestandteile hat Unternehmer die Untersuchungskosten zu tragen. Auch die Kontrolle über die für einen bestimmten Vorrat herzustellende Farbenmischung steht dem Baubeamten offen.

Schaden durch Wind an den vom Maler geöffneten Fenstern hat Unternehmer zu tragen.

Benutzung der Öfen und Kochherde zum Leimkochen, Ausgießen der Farbe in Ausgußbecken, Ausstreichen der Pinsel an den Wänden ist untersagt.

Alle Beschmutzungen und Flecken, soweit sie durch die Malerarbeiten entstanden sind, hat Unternehmer rechtzeitig zu beseitigen.

Stuckarbeiten.

Preise bei einfachen kleinen Arbeiten einschließlich der Modelle. Bei großen Arbeiten werden Modelle und Proben besonders bezahlt. Im übrigen gelten die Einheitspreise einschl. Herstellen und Vorhalten der Leimformen, Anbringen der Stücke, Herstellung kleinerer Bockrüstungen. Größere Rüstung werden besonders bezahlt oder von der Bauverwaltung beschafft.

Modelle nach Zeichnungen und Skizzen genau im Detail durchzuarbeiten, an betreffender Stelle zur Genehmigung anzubringen, event. zu ändern. Wenn erforderlich, Herstellung der Modelle an Ort und Stelle.

Stuckarbeiten in allen Teilen scharf und genau, in glatten Profilen, eben und gerade gegossen. Stuckanschlüsse an die geputzten Flächen genau nachzuarbeiten.

Für alle Ecken sind besonders modellierte Stücke zu fertigen.

Fugen zwischen den einzelnen Stücken sauber zu verstreichen und unerkennbar zu machen.

Stuckteile nach Anweisung des Bauleitenden an Holzteilen mit Schrauben, am Mauerwerk mit Haken und Steinschrauben zu befestigen. Rostflecke im Stuck zu vermeiden, Beschädigungen hierdurch zu beseitigen.

Bei geforderten Zeugeinlagen (cachiert angefertigten Stücken) ist ein starkes Gewebe, unmittelbar unter der Oberfläche des Stuckes anzubringen.

Der Gips muß von bester Qualität sein und darf nur im frisch gebrannten Zustande benutzt werden.

Ofenarbeiten.

Preise einschließlich der Ausführung, der Lieferung aller Materialien, auch die im Anschlag nicht ausdrücklich bezeichneten, Lieferung der Schutzbleche, aber ausschließlich der Ofenfundamente, bezw. Aushöhlungen unter den Heizkörpern.

Der Offerte sind Kachelproben, ferner Musterkarte von 5 verschiedenen Gesimsbekrönungen mit Angabe der Bezugsquelle beizufügen.

(Über Bestimmungen der Qualität siehe „G. Benkwitz, Das Veranschlagen von Hochbauten".)

Kacheln sind glasiert, Friese, Obergesimse, Aufsätze unglasiert anzuliefern, Formstücke geradlinig und ebenflächig, Ornamente sauber und scharf.

Zu den der Wand zugekehrten Kacheln darf die nächst geringere Qualität verwendet werden.

Jeder Ofen ist auf einen vom Unternehmer zu liefernden Holzrahmen zu setzen (Stärke 5 bis 6 cm). Kacheln, zunächst der Feuerstelle gelegen, sind mit Thonklammern zu verankern, sonst in jeder Schicht durch starken Ofendraht. Kacheln mit Dachsteinen auszufüttern. Fußschichten vom Fußboden mit Kachelecken.

Ofenwandungen und Steigezüge von doppelten Dachsteinen in Lehm auszuführen. Liegende Züge (Zug- oder Feuerdecken) aus mindestens 4 cm starken Chamotteplatten (Ofeneisen mit Dachsteinen nicht zulässig). Chamotteplatten des im Fuß des Ofens isoliert stehenden Heiz- bezw. Feuerkastens 5 cm stark, zusammengehalten durch ein geschmiedetes Band.

Öfen zur Kohlenfeuerung mit Rostfeuerungen, Aschfall und luftdichten Thüren einzurichten.

Als Heiz- und Aschfallthüren sind aufgeschliffene Balkenthüren nach Probe zu liefern. Heizthür besonders stark im Guß mit 1 cm starker Innenthür (Zugthür mit starkem Bandeisenbeschlag). Balken der Heizthür mit Mesing-Olive. Aschthür $^{11}/_{32}$ cm groß, im übrigen wie äußere Heizthür. Eisenteile sorgfältig zu reinigen und zu graphitieren. Rauchrohr mit Eisenlack zu überziehen.

Kochmaschinen direkt auf ein gemauertes Fundament zu stellen. Sockelschicht (halbe Kachelschicht) zurückgesetzt, hierauf drei überstehende Kachelschichten. Rostfeuerung für Kochmaschinen-Feuerung und Gußplatten-Bedeckung für die ganze Herdfläche. Bratofen ohne Rostfeuerung mit $^{15}/_{20}$ cm großer Heizthür, geschmiedetem Bratkasten mit Fallthür und Gußunterlagsplatte.

Öfen und Herde vor der Abnahme durch leichtes Feuer vom Unternehmer auszutrocknen. (Brennmaterial liefert die Bauverwaltung.)

Unternehmer hat sich von der richtigen Anlage der Rauchabzugsröhren vor Beginn seiner Arbeiten zu überzeugen und etwaige Mängel anzugeben. Bei Klagen über schlechten Zug oder Rauchen der Öfen oder Herde sind alle Mängel auf seine Kosten zu beseitigen. Unternehmer trägt ferner den durch Benutzung unrichtiger Röhren entstandenen Schaden.

Die Arbeiter haben sich der größten Reinlichkeit zu befleißigen, der von den Ofenarbeiten herrührende Schutt und Schmutz ist vom Unternehmer in jedem einzelnen Geschoß nach Fertigstellung der Arbeit zu entfernen.

Centralheizungs-Anlagen.

Bezüglich der Verdingung der Heizungsanlagen wird im allgemeinen kein direkt zur Ausführung bestimmtes Projekt zu Grunde gelegt, vielmehr werden die Unternehmer veranlaßt, auf Grund eines Programmes ein Projekt aufzustellen und dieses der Offerte beizulegen. Es wird zufolge der Unbestimmtheit des Projektes sich die freihändige Vergebung an einen bewährten Spezialisten am meisten empfehlen.

Hinsichtlich des Konkurrenzverfahrens geben die nachfolgenden Vorschriften des preußischen Ministeriums der öffentlichen Arbeiten einen angemessenen Anhalt. (Anweisung vom 7. März 1884.)

Aufstellung des speziellen Projektes. In den Projektzeichnungen der Gebäude und zugehörigen Beschreibungen ist das System der Heizung und die allgemeine Anordnung derselben im Prinzip vollkommen klar zu legen; insbesondere sind Lage der Heizstellen, Ab- und Zuführung der Luft, Weite der Kanäle in den Mauern nach überschläglicher Berechnung, sowie die Stellung der Heizkörper festzustellen. Auf Details soll aber hierbei nicht eingegangen werden.

Zeit der Beschaffung des speziellen Projekts. Sobald der Auftrag zur Ausführung des Baues erteilt worden ist, sind unter Beachtung der seitens der Superrevision erteilten Direktiven die Maßnahmen für die speziellen Feststellungen so rechtzeitig zu treffen, daß nachträgliche Änderungen am ausgeführten Mauerwerk vermieden werden.

Art der Beschaffung des speziellen Projektes. Das Spezial-Projekt ist durch Ausschreibung einer Konkurrenz in Verbindung mit einer beschränkten Submission zwecks Ausführung der Anlage zu beschaffen.

Unterlagen für die Konkurrenz geben: Ein von der Bauverwaltung zu lieferndes Programm; eine Berechnung der transmittierten und durch die Ventilation beanspruchten Wärmemengen; die allgemeinen Bedingungen für die Vergebung von Lieferungen und Leistungen für die Hochbauten der Staatsverwaltung. (Seite 7.)

Die Auswahl der zur Konkurrenz heranzuziehenden Unternehmer bleibt den Provinzial-Behörden überlassen. Es sollen mindestens 5 Firmen aufgefordert werden, welche aber sämtlich Heizungen desselben Systems, wie das im Programm geforderte, bereits ausgeführt haben müssen und welche über deren Bewährung auf Erfordern ausreichende Atteste einzureichen haben.

Prüfung der Projekte. Die Projekte und Berechnungen sind seitens der Spezial-Bauverwaltung zu prüfen. Hierbei ist es zu untersuchen, in wie weit die Projekte den Forderungen des Programms entsprechen und welches der Projekte, nach Gegenüberstellung der von den einzelnen Konkurrenten gemachten Anerbietungen namentlich in Bezug auf Größe der Heizfläche, der Heizapparate und Heizkörper auf Ausdehnung und Qualität der Rohrleitungen als das annehmbarste erscheint. Die Erörterungen und

Berechnungen sind zusammen zu fassen und mit Bericht, unter Beigabe des Programms, sämtlicher Projekte und Offerten nebst Zubehör der Provinzial-Regierung ꝛc. zu überreichen. Die Zuschlags-Erteilung an einen Konkurrenten ist unter Motivierung zu beantragen. Die Provinzial-Instanz hat nach weiterer Prüfung das Material dem Minister zur Entscheidung vorzulegen.

Vertrags-Abschluß und Ausführung. Sofern nicht etwa ein neues Verfahren sich als erforderlich herausstellt, ist mit dem vom Minister bezeichneten Konkurrenten unter Feststellung der besonderen Bedingungen Vertrag abzuschließen; die Abnahme der ausgeführten Anlage erfolgt nach Fertigstellung aller Arbeiten auf Grund einer Probeheizung.

Mit Bezug auf die

Bestimmungen für die Aufstellung von Programmen

sei auf das Werk „Handbuch der Baukunde, Heft I von Krüger, Kosern und Dr. Hilse" verwiesen.

Die Programme müssen enthalten:

1. Die Beschreibung der Bauanlage.

2. Art und Ausdehnung der Heizanlage.

Bezeichnung der zu erwärmenden Räume durch farbiges Anlegen in den Grundrissen und zwar:

bei Luftheizung hellgrün,	bei Warmwasserheizung hellblau,
„ Heißwasserheizung hellrot,	„ Dampfheizung hellgelb.

3. Grad der Erwärmung. Es wird vorgeschrieben:

für Geschäfts- und Wohnräume . . . . 20° C.	für Krankenzimmer . . . 22° C.
„ Säle, Auditorien . . 18° „	„ Gefangenenräume . 18° „
„ Korridore, Treppenhäuser . . . . 12° „	

Schlafräume in Gefängnissen sind nicht zu heizen.

4. Art der Ventilation. Angabe des Systems (Aspiration, Pulsion ꝛc.). Personenzahl in den einzelnen Räumen.

5. Größe des Luftwechsels. Bei einer Außentemperatur von 0° ist zu Grunde zu legen pro Kopf und Stunde:

für Krankenzimmer . . . 20 cbm
„ Gefangene in Isolierhaft . . . . 30 „
„ Gefangene in gemeinschaftlicher Haft . . . 20 „

für Versammlungssäle, Auditorien, Geschäftsräume . . . . 20 cbm
„ Schulzimmer, je nach dem Alter der Schüler 10 bis 20 „

Für Geschäftsräume besondere Ventilationsvorrichtungen nur dann nötig, wenn dauernd pro Fensterachse mehr als 1 Person sich darin aufhält.

Erhalten Vestibüle, Korridore 2c. besondere Ventilationsvorrichtungen, so ist je nach der sich daselbst aufhaltenden Personenzahl 1- bis 2maliger Luftwechsel pro Stunde vorzusehen.

Ventilation der Klosetts von derjenigen anderer Räume zu trennen.

Erläuterungen und Berechnungen.

a) Berechnung der Heizkörpergrößen, der Kanalquerschnitte für die Ventilationskanäle, der feuerberührten Flächen, Rostflächen und Querschnitte der Schornsteine.

b) Erläuterungsbericht, betr. die Zahl des Bedienungspersonals, event. Klarlegung der Bedenken mit Bezug auf die Programmbestimmungen.

c) Kostenberechnung, einschl. aller Nebenarbeiten und Beschaffung der Nebengegenstände, als: Schieber, Klappen, Deflektoren, Thermometer, Rohrumhüllungen, Feuergeräte (Arbeiten anderer Handwerker werden seitens der Bauverwaltung beschafft).

Die Kostenberechnung ist zu zergliedern nach:

Tit. I. Wärmeentwickler, Kessel, Kaloriferen.
„ II. Rohrleitungen und Kompensationen, einschl. aller Verbindungen.
„ III. Haupt- und Reduktionsventile, Expansionsgefäße, Kondenstöpfe 2c.
„ IV. Heizkörper nebst Ventilen.
„ V. Regulierungsteile.
„ VI. Insgemein.
Fracht, Montagen, Reisespesen und sonstige Nebenleistungen bei Angabe der Preise mit zu berücksichtigen.

d) Projektentwürfe einschl. der Detailzeichnungen für Heizapparate, Ventilatoren u. s. w. (Drucksachen und Pausen können verwendet werden).

Alle vom Konkurrenten gelieferten Berechnungen müssen revisionsfähig sein.

7. Allgemeine Vorschriften für die Anordnung und Ausführung, sowie besondere Vorschriften über Luftheizung, Heißwasserheizung, Warmwasser- und Dampfwasserheizung mit cirkulierendem Wasser, Dampfheizung und Dampfwasserheizung mit cirkulierendem Dampf sind in dem obenbezeichneten Werk sehr eingehend aufgeführt.

Gas-, Wasser- und Entwässerungsleitungen in einem Wohngebäude*).

Leitungen, gerechnet von den von den Verwaltungen der Gas- bezw. Wasserwerke zu liefernden Gas- und Wassermessern ab bis zu den Ausflußstellen, bezw. von den Ausgußstellen bis zum Anschluß an die städtische Entwässerungsleitung nebst Lieferung und Anbringung aller Hähne, Ausgußbecken 2c. und der zum Schutz gegen Frost nötigen Umhüllungen.

Preise für Herstellung der Arbeiten, einschl. aller Materialien, ausschl. Cement, ferner Befestigung der Rohrleitungen, Vorhalten der Geräte, Rüstungen und Werkzeuge, Ausführung der Druckproben (Stemmarbeiten werden vom Maurer ausgeführt).

An Probestücken ist beizufügen:

Für die Gasleitung: 1 Rohrstück, 20 cm lang; — 1 gerade Muffe; 1 Langgewinde; — 1 Rohrhaken; — 1 Deckscheibe.

Für die Wasser- und Entwässerungsleitung: 1 Stück Bleirohr, 20 cm lang; — 1 Niederschraub-Auslaufhahn; — 1 Ausgußbecken; — 1 Thonrohr.

Preiscourant, maßgebend für die Bezahlung etwaiger außerkontraktlicher Arbeiten.

Material muß tadellos sein.

Gewicht der Bleirohre. (Für Berlin sind als Minimalgewichte vorgeschrieben pro m Länge:)

---

*) Vergl. „Die Wasserversorgung 2c. der Wohngebäude" von O. Spetzler. (J. Bielefeld's Verlag in Karlsruhe.)

Bleirohr mit 12 mm Durchmesser = 2,2 kg
" " 20 mm Durchmesser = 3,8 "
" " 25 mm Durchmesser = 6,3 "
Bleirohr mit 30 mm Durchmesser = 7,5 kg
" " 40 mm Durchmesser = 11,0 "

Gußeiserne Rohre nach den Normalien des Vereins deutscher Ingenieure, von feinkörnigem, zähen, grauen Eisen, in gleichartigem blasenfreien Guß. Bearbeitungsfähig mit der Feile, dem Bohrer und dem Meißel. Wandstärken gleichmäßig dick, Differenzen über 2 mm unzulässig. Rohre beiderseitig zu asphaltieren. Material für schmiedeeiserne Rohre so zähe, daß durch scharfe Kröpfungen keine erkennbare Strukturveränderung eintritt. Ohne Querschnittsveränderungen bei den Biegungen. Bei öfterem starken Biegen darf kein Öffnen der Schweißnaht eintreten.

Verschraubungen der Niederschraubhähne mit Kontremuttern. Metallene Verbindungsstücke, die in die Bleirohre einzulöten sind, müssen gut verzinnt sein.

Die guten gebrannten Thonrohre sind innen und außen zu glasieren. Sie müssen für Flüssigkeiten undurchdringlich, hart, fest, homogen, genau centriert, kreisrund, frei von Rissen, Sprüngen, Blasen und dergl. sein. Die möglichst gleichmäßige Wandstärke soll für das Schwanzende nicht unter $^1/_{10}$ des lichten Rohrdurchmessers betragen. Für die Muffen eine entsprechende größere Stärke erforderlich.

Die Muffen sind mit schraubenförmigen Rillen zu versehen, desgl. auch die Rohrendigungen. Mit Bezug auf die Rohrfabrikation wird gefordert, daß die Muffen nicht eingesetzt werden dürfen, sondern durch die Röhrenpresse gleichzeitig eingepreßt werden müssen.

Gasrohre. Verwendung von schmiedbarem Eisenguß zu den Verbindungsstücken 2c. ist untersagt. Hähne und Abschlußstücke, Endstücke, Wand- und Deckenscheiben 2c. aus Gelbguß zu fertigen. Alle zusammengehörigen, nicht mit Griffen versehenen Hähne, Verschlußstücke, Pfropfen sind auf denselben Schlüssel einzurichten.

Ausführung nach den bestehenden Regulativen, sowie den polizeilichen Vorschriften entsprechend. Dichtungen gas- bezw. wasserdicht zu machen, ohne daß Löt- und Dichtungsmaterialien in die Rohre eindringen.

Bleirohre gut zu strecken, alle unnötigen Biegungen zu vermeiden. Verbindung der schmiedeeisernen Rohre im allgemeinen durch Schraubengewinde, die mit Bleimennige zu verstreichen sind. Bei stärkeren schmiedeeisernen Rohren kann, bei gußeisernen Rohren muß die Muffendichtung mit Hanfstrick- und Bleiverpackung besorgt werden.

Beim Dichten darauf zu achten, daß das Rohrende fest und centrisch auf den Grund der Muffe gesetzt wird, darauf ist zuerst geteerter Hanfstrick, dann ungeteerter mittels flachen Eisens fest einzudrücken. Bleidichtung hierauf mit einem einzigen Guße einzubringen und gut zu verstemmen.

Bei stehenden Thonrohren der Klosetableitungen ist Mörtel aus fettem Portlandcement, bei liegenden geteerter Hanfstrick und fetter Thon zur Dichtung zu verwenden.

Gasleitungen sind mit schwachem Gefälle nach den Wassersäcken hin zu verlegen, damit das Kondensationswasser stets Abfluß nach dorthin hat.

Die Wasser- und Entwässerungsrohre sind mit stetiger Steigung zu verlegen, so daß die Bildung von Luft- oder Wassersäcken nicht möglich ist.

Rohrgruben in den angegebenen Tiefen auszuheben, die Sohlen nach dem Gefälle zu ebnen. Muffenenden kurz zu unterstechen.

Rohrhaken in richtiger Stärke und Anzahl anzubringen. Befestigung der Wasserleitungshähne durch Holzdübel und Wandscheibe, die der Ausgußbecken mit verzapftem Holzdübel.

Ausguß- und Pissoirbecken sind mit einer zweckmäßigen festen Vorkehrung zum Zurückhalten eingeworfener fester Gegenstände zu versehen.

Aufmessung. Berechnung nach dem Maß der wirklich vorhandenen Längen, bezüglich nach Stückzahl. Aufmessung und Abnahme solcher Teile, die später verdeckt werden, hat Unternehmer rechtzeitig zu beantragen.

Abnahme und Garantie. Nach Herstellung aller Leitungen erfolgt die vorläufige Abnahme vor dem Verputzen auf Grund einer Druckprobe, bei der die Wasserleitung einem Druck von 5 Atm., die Gasleitung einem Luftdruck von 150 mm Wassersäulenhöhe unterworfen wird. Bei den Gasleitungen darf der bezeichnete Anfangsdruck innerhalb 15 Minuten nicht weiter als bis auf 6 mm gesunken sein und muß in dieser Höhe mindestens 30 Minuten lang anhalten. Druckproben vom Unternehmer mit eigenen Apparaten und kostenfrei auszuführen.

Nach Anbringung der Beleuchtungsgegenstände darf bei dem stärksten in der Leitung vorkommenden Gasdruck bei geschlossenen Brennerhähnen und geöffnetem Haupthahn der Gasmesser an der Inderscheibe innerhalb 30 Minuten keinen Gasdurchgang angeben.

Nach Beseitigung etwaiger Fehler und Mängel, nach Anschluß an die städtische Leitung und nachdem sämtliche Gasflammen probeweise gebrannt haben, findet die Abnahme statt.

Nach vorläufiger Abnahme haftet mit Bezug auf alle Arbeiten und Lieferungen der Unternehmer noch auf 1 Jahr.

Herstellung einer Entwässerungsanlage.

Umfang der Leistung. Die Legung des Röhrenstranges geschieht teils in bestehenden Wegen und Straßen, teils auf freiem Felde, in Äckern u. s. w.

Preise beziehen sich auf folgende Leistungen:

1. Begrenzung des Bauplatzes durch offenen Graben, wenn der Röhrengraben im freien Felde hergestellt wird.
2. Aufnehmen von Pflaster oder sonstigen Straßenbefestigungen und ordnungsmäßige Beiseitelegung dieser Materialien, sowie deren späteres Wiedereinbauen.
3. Fortnehmen und gesonderte Ablagerung des Mutterbodens von Ländereien in der ganzen Breite des Arbeitsplatzes, sowie das spätere Wiederaufbringen desselben.
4. Erdaushebung für den Rohrgraben, Herstellung der Absteifungen (Pölzungen).
5. Transport der Rohre und der anderen Bestandteile der Leitung bis zur Baugrube.
6. Lieferung des Materialbedarfes für den Betonkanal, der Ziegel, Röhrenunterlagen und des Dichtungsmaterials der Rohre. (Werg und Kohlenteer.)
7. Das Formen des Betonkanals, Hinablassen der Rohre in die Baugrube, Herstellung der Röhrenunterlagen und Verbindungen.
8. Zuschüttung des Rohrgrabens, Verführung und Wegschaffung des übrig bleibenden Erdmaterials, Wiederherstellung der

Oberfläche des verfüllten Rohrgrabens in ihren früheren Zustand.

9. Vorhalten aller Geräte, Gerüste, Laufbretter, Steifhölzer, Bretter und Werkzeuge, Transport derselben nach und von der Baustelle.

10. Schutzvorkehrungen gegen Elementarschäden, Beseitigung des sich ansammelnden Regen-, Sicker- und Quellwassers.

11. Bewachung der Baugrube, Herstellung der polizeilich geforderten Übergangsbrücken, Schutzgeländer, Warnungstafeln, sowie deren Vorhaltung und Unterhaltung der erforderlichen Laternen.

(Bei nicht sehr umfangreichen Arbeiten werden die unter 10 und 11 liegenden Risiken zumeist billiger von der Bauverwaltung getragen. Es ist empfehlenswert, wenn die Baubehörde mit der Polizeibehörde hinsichtlich der Sicherheitsvorkehrungen zuvor bestimmte Vereinbarungen trifft und diese den Submissionsbedingungen beifügt.)

Lieferung von Pflastermaterialien.

a) Unbearbeitete Steine (Dammsteine) müssen aus feinkörnigem Granit (Porphyr, Quarz ꝛc.) bestehen, kleinster Durchmesser nicht unter 13 cm, größter nicht über 20 cm. Form möglichst regelmäßig. Bröckelige oder plattenförmige Steine, solche mit Rissen, tieferen Aushöhlungen oder hohen Vorsprüngen sind nicht verwendbar.

b) Kopfsteine. Qualität wie vorstehend. Kopfflächen einigermaßen eben bearbeitet, Kanten möglichst geradlinig. Kopffläche möglichst von quadratischer Form, nicht über 400 und nicht unter 180 qcm groß. Minimalbreite 7 cm, Maximallänge 21 cm., Steinhöhe nicht über 20 cm, nicht unter 13 cm. Fußfläche der Kopffläche möglichst parallel, darf die Größe von $1/2$ der Kopffläche nicht unterschreiten. Seitenfläche der Steine möglichst eben, von der Kopffläche aus bis auf die Tiefe von 2,5 cm möglichst senkrecht beschlagen, von da ab Verjüngung.

c) Prismatische Steine. Qualität, Art, Herkunft näher zu bezeichnen, eventl. Härtegrad vorzuschreiben. Kopffläche eben, voll- und scharfkantig bearbeitet, Kanten möglichst rechtwinklig zueinander. Die Fuß-(Satz) Fläche mindestens 0,75 der Kopffläche, zu letzterer parallel gerichtet. Seitenfläche auf eine Höhe von 4 cm, von der Kopffläche abwärts gemessen, senkrecht zu dieser und so eben, daß zwischen zwei Nachbarsteinen im Pflaster keine größere als 13 mm weite Fugen erstehen. Unterer Teil der Seitenflächen kann rauh beschlagen sein.

d) Würfelförmige Steine. Bedingungen gegen die vorstehenden zu verschärfen.

Abweichungen von den geforderten Dimensionen für Breite und Höhe der prismatischen Steine und für Länge, Breite und Höhe der Würfelsteine darf 0,5 cm mehr oder 0,5 cm weniger betragen. Abweichungen in der Länge der ersteren bis auf 1,5 cm oder auch weniger gestattet.

Bei den Würfelsteinen soll die erforderliche Anzahl von Bindersteinen und halben Steinen vorhanden sein.

Es sind zu liefern pro 1000 Steine bei

17 bis 18 cm Seitenlänge 924 ganze Steine, 47 Stück Binder, 13 halbe Steine,

18 bis 19 cm Seitenlänge 916 ganze Steine, 51 Stück Binder, 14 halbe Steine,

19 bis 20 cm Seitenlänge 909 ganze Steine, 56 Stück Binder, 14 halbe Steine.

Halbe Steine sind nach der Diagonale der Kopfsteine geteilte Steine, können auch mit einem ganzen Stein zusammengearbeitet sein. Bindersteine haben die $1^1/_2$fache Länge der ganzen Steine.

e) Bordschwellen aus feinkörnigem, durchaus gesundem Granit, vollkantig (30 cm breit, nicht unter 26 cm hoch). Die vordere Kante mit Abfasung von 4 cm Breite bei 15 cm Höhe (längere 0,9 bis 1,50 m). Die nach dem Verlegen sichtbaren Flächen müssen fluchtrecht und sauber sein, Endflächen senkrecht zu den Kanten, so daß ein Nacharbeiten nach dem Verlegen vermieden werden kann. Die übrigen Flächen können rauh sein.

f) Trottoirplatten aus feinkörnigem festen Granit, rechteckig (Bezugsquelle vorzuschreiben). Nicht unter 0,8 m lang, 1,0 m breit, 10 cm stark. Obere Flächen eben bearbeitet, ohne Löcher. Seitenflächen nicht ausgebrochen, bis 3 cm tief so genau bearbeitet, daß zwischen zwei Platten eine höchstens 1,3 cm starke Fuge entsteht.

Abnahme. Dammsteine, Kopfsteine und prismatische Steine werden bauseitig dicht geschlossen, in regelmäßigen Haufen zur Feststellung des Inhalts aufgesetzt. Die Verwaltung ist nicht verpflichtet, auf einmal kleinere Posten als 20 cbm zu übernehmen.

Die Würfelsteine werden, dicht aneinander schließend, mit dem Kopf nach unten, einen Stein hoch zur Aufmessung nach qm aufgesetzt. Abnahme der **Bordsteine** nach m Länge, der **Trottoirplatten** nach qm.

Zurückgewiesene Steine sind innerhalb 8 Tagen von der Lagerstelle zu entfernen, widrigenfalls dies auf Gefahr und Kosten des Lieferanten geschieht.

Ausführung von Pflasterarbeiten.

Umfang der Leistungen.

Preise einschl. folgender Nebenleistungen:

1. Transport der Materialien bis auf . . . m Entfernung.

2. Ausführung der Messungs- und Absteckungsarbeiten im Anschluß an die von der Bauverwaltung gegebenen Fixpunkte. (Erhaltung der letzteren seitens des Unternehmers bis Beendigung der Arbeit.)

3. Vorhaltung der Gerätschaften (hölzerne, mit Eisen beschlagene Schablonen, 5 m langes Richtscheit, 3 m lange, farbig geteilte, zur Prüfung auf die Richtigkeit vorzulegende Maßlatte).

4. Warnungstafeln, Laternen, Sperrungs-Vorkehrungen &c., welche bauseitig geliefert werden, hat Unternehmer zu unterhalten und nach Anweisung aufzustellen.

5. Transport des ausgeworfenen und übrig bleibenden Steinmaterials zu in . . . m Entfernung liegenden Lagerplätzen, sowie ordnungsmäßige Aufstapelung.

6. Zur Herstellung des Planums ist etwa überflüssiger Boden bis auf 60 m Entfernung zu verkarren oder zur Seite aufzuschütten. Beseitigung überflüssigen Bodens kann bis auf 15 cm Tiefe ohne Entschädigung verlangt werden, bei tieferer Abtragung sind besondere Entschädigungen zu vereinbaren.

7. Der zum Einschwemmen des Pflasters nötige Wasserbedarf ist vom Unternehmer zu beschaffen.

Alles Material, ausschl. der Steine zum Mosaikpflaster, liefert die Bauverwaltung.

Baulichkeiten, Kanäle, Rohr- und Telegraphenleitungen sorgfältig bei der Arbeit zu schützen. Unternehmer hat alle durch seine Arbeiter herbeigeführten Beschädigungen zu ersetzen.

Aufbruch des alten Pflasters. Gewonnene Steine zu sortieren und regelrecht nach Anweisung aufzusetzen.

Herstellung der Bettung bedingt zunächst eine Regulierung des Erdbodens von mindestens 20 m Länge. — Sand- oder Kiesbettung mindestens 25 cm hoch. Abrammen derselben. Prüfung des Bauleitenden auf genügende Festigkeit. Form der Oberfläche nach der Schablone.

Herstellung des Pflasters. Rinnsteine mit angegebenem Gefälle, aus zwei Reihen Würfelsteinen so herzustellen, daß die erste Reihe als Sohle, in der Querrichtung horizontal, die zweite Reihe mit einer Ansteigung in der Querrichtung von 2 cm gegen die Straßen-Mittellinie zu, gesetzt wird. Pflastersteine sortieren, Steine von möglichst gleicher Kopfbreite nebeneinander setzen. Bei Reihenpflaster in einer Reihe nur Steine von gleicher Breite, mindestens 30 solcher Reihen aufeinander folgend.

Richtung der Scharen (diagonal oder normal zur Straßenachse) wird bauseitig bestimmt.

Steinverband innezuhalten, Steine senkrecht zu stellen, Stärke der Fugen höchstens . . . cm. Preise für das Schlagen etwa fehlender Binder- und Zwickelstücke vorher zu vereinbaren.

Steine fest in Kies zu setzen mit Höhenübermaß gegen das Raummaß (Schablone) von 2,5 cm. Das Maß darf nirgends um 0,5 cm über- oder unterschritten werden.

Pflaster bei gehöriger Annässung dreimal abzurammen, die beiden ersten Male mit einer schweren (4-männigen Ramme), das dritte Mal mit einmänniger Ramme. Etwa beim Rammen zersprungene Steine durch neue zu ersetzen. Nach bauseitig erfolgter Prüfung der abgerammten Flächen Aufbringen einer 1 cm starken Kiesschicht, Einfegen bezw. Einschwemmen des Kieses.

Trottoirs. Bordschwellen mindestens 4 Schichten hoch mit Ziegelsteinen in Cement zu untermauern. Bordschwellen genau nach Längen- und Quergefälle auf Untermauerung in Cementmörtel zu verlegen. Stoßfugen mit Cement zu vergießen und zu verstreichen.

Trottoirs mit 1 m breiter Granitbahn und beiderseitigem Mosaikpflaster zu befestigen. Sandbettung für letzteres 15 cm hoch, Steine überall gehörig zu unterstopfen. Unter Benutzung einer Holzzwischenlage abzurammen, mit Platten eine gleichmäßig fortlaufende

Fläche bildend. Fugen mit Sand voll zu schwemmen und 2 cm tief mit Cement zu verstreichen.

Mosaiksteine von gleicher Größe, scharfkantig, höchstens 6 cm Durchmesser aus Granit, Porphyr, Kalkstein &c., von gleichmäßiger Färbung zu schlagen.

Mosaikpflaster auf Kiesbettung (8 cm stark) in trockenem Sande mit Längen- und Quergefälle zu setzen, dann abzurammen, dann 3 Tage lang nach Vorschrift anzunässen, wobei die sich öffnenden Fugen mit feinem Sand und Cement (1:1) zu füllen sind.

Termine. Arbeit soll bis zum . . . . ausgeführt werden, hat binnen 3 Tagen nach Aufforderung zu beginnen. Fertigstellung pro Tag durchschnittl. (100) qm Pflaster, Trottoirflächen mit Bettung, Rinnsteine, Bordschwellen &c.

Konventionalstrafen. Bei zurückbleibenden Leistungen pro Tag 5 Mk. Konventionalstrafe zu entrichten und zwar pro qm Minderleistung.

Abnahme. Frühestens 14 Tage nach Vollendung findet Besichtigung statt, wobei Deckmaterial vom Unternehmer zu entfernen ist. Mängel innerhalb 8 Tagen zu beseitigen, widrigenfalls Instandsetzung auf Kosten des Unternehmers durch die Verwaltung.

Garantie. Reparaturen innerhalb des nächsten Jahres vom Unternehmer auf seine Kosten zu besorgen, falls diese nachweislich durch Mängel in der Ausführung erforderlich werden.

Herstellung eines Pfahlrostes.

Umfang der Verpflichtungen. Preise einschl. Stellung und Vorhaltung der Rammen, Vorhaltung, Aufstellung und Beseitigung der Rüstungen und Geräte, sowie deren Rücktransport.

Herstellung der Baugrube. Baugrube zunächst soweit auszuheben, als das austretende Grundwasser mittels provisorischer Ableitung einen natürlichen Abfluß nach dem Entwässerungsgraben ... findet. Die weitere Aushebung derart zu fördern, daß die Aufstellung der Rammgerüste, Einrammen der Pfähle, sowie Verlegung des Rostes nicht behindert oder verzögert wird.

Kreiselpumpe nebst Lokomobile zur Bewältigung des Wasserandranges bereit zu halten und nach Anweisung aufzustellen. (Die Wasserbewältigung durch Pumpe und Handbetrieb kann angeordnet werden.)

Rammarbeiten. Das Einrammen ist durch 2 Dampf-Kunstrammen zu bewirken. Erscheint die Anwendung von Zugrammen geeignet, so hat Unternehmer eine genügende Anzahl derselben aufzustellen.

Jeder Pfahlkopf durch einen vom Unternehmer zu liefernden Eisenring zu sichern, damit ein Aufstauchen der Pfähle möglichst vermieden werden kann.

Gerade Richtung und vorschriftsmäßige Neigung der Schrägpfähle inne zu halten, Arbeiten und Vorkehrungen hierzu vom Unternehmer zu beschaffen. Pfähle genau fluchtrecht, winkelrecht und glatt zu verschneiden.

Jeder Pfahl so tief einzurammen, bis derselbe bei 5 unmittelbar aufeinander folgenden Schlägen von 4500 mkg Effekt (Gewicht des Rammbärs × Hubhöhe) nicht mehr als durchschnittlich 1 cm anzieht. Bei Zugramme dasselbe Verhältnis maßgebend bei 15 Schlägen.

Feststellung der Pfahllängen. Die Pfähle werden nach dem Anspitzen und vor dem Einrammen bauseitig gezeichnet. Diese sich auf die Längen beziehenden Marken sind vom Unternehmer möglichst zu schonen. Nicht gezeichnete Pfähle dürfen nicht eingerammt werden, ebenso darf die Marke nicht unkenntlich gemacht oder versetzt werden, auch dürfen die Pfähle nicht ohne Zustimmung des Bauleitenden abgeschnitten werden. Geschieht dies dennoch, so sind die betreffenden Arbeiter zu entlassen, die Pfähle wieder auszuziehen und durch neue zu ersetzen.

Vergrößerung der Pfahllänge. Die Verwaltung kann sowohl die Anzahl der Pfähle vermehren, sowie auch deren Länge vergrößern (bis auf 13 m), event. vermindern. Entschädigung nach den steigenden Preisen der Offerte.

Qualität des Holzes und der Arbeit. Das . . . . Holz muß gesund, außer der Saftzeit gefällt, ohne Astlöcher sein. Hölzer, welche kernschälig, rissig, wurm- oder raupenfräßig oder blau gefleckt sind, dürfen nicht verwendet werden. Pfähle ohne Rinde anzuliefern, Splintdicken dürfen nur gering sein. Es dürfen keine größere Krümmungen vorhanden sein, als daß beim Anlegen einer Schnur an die betreffende Karte irgendwo ein Pfeil von mehr als $^1/_{100}$ ermittelt wird. Pfähle mit doppelter Krümmung gänzlich unzulässig, desgl. solche mit stark gedrehtem Wuchs. Die vorgeschriebenen Maße für Stamm- und Zapfende können größer, dürfen aber nicht kleiner sein. Stammende rechtwinklig zur Pfahlachse abzuschneiden.

Verbandholz des Rostes und der Belagbohlen möglichst nach der Faserrichtung und scharfkantig zu schneiden.

Waldkante an einer Kante gestattet, aber höchstens 3 cm in der Diagonale gemessen. Bohlen nicht unter . . . cm Breite, an beiden Enden gleich breit.

Hölzer auf der Baustelle durch den Unternehmer so zu legen, daß sie gegen Reißen und Werfen geschützt sind, widrigenfalls trotz vorläufig stattgehabter Abnahme die etwa ungeeigneten Hölzer zurückgewiesen werden. Holzverbindungen nach den Regeln der Zimmerkunst, engschließend anzufertigen. Bohrlöcher nicht mehr als einen um 1 mm größeren Durchmesser als der Bolzen. Löcher winkelrecht zur Fläche des Verbandholzes zu bohren.

Projektänderungen hat Unternehmer ohne Erhöhung der Einzelpreise vorzunehmen. Hierüber ist derselbe rechtzeitig zu benachrichtigen.

Rüstungen. Unternehmer ist für Sicherheit und Konstruktion aller Rüstungen rc. haftbar. Mangelhafte Konstruktionen sind auf Verlangen der Bauverwaltung durch zweckentsprechende sofort zu ersetzen.

Mangelhaftes Material ist auf Verlangen binnen 24 Stunden von der Baustelle zu entfernen.

G. Mündliche Verabredungen und Akkordverhandlungen.

Die Vorschriften über Vergebung von Leistungen rc. und Lieferungen bestimmen hinsichtlich vereinfachter Form bei Verträgen, sofern von dem Abschluß eines förmlichen Vertrages Abstand genommen wird, daß durch gegenseitig anerkannte Notizen über den Inhalt des Übereinkommens Beweis geführt werden kann.

Man unterscheidet:

1. Die Protokollform, welche dann geeignet ist, wenn eine Arbeit besonders schleunig zur Ausführung gelangen soll.

Form etwa wie nachfolgend:

Verhandelt (Ort, Datum, Jahreszahl).

in Gegenwart des Baubeamten . . . .

des Unternehmers . . . .

Nachdem der Unternehmer . . . . . . mit dem Gegenstande der Ausführung auf Grund des Lageplanes 2c. bekannt gemacht worden ist, verpflichtet sich derselbe: 2c. . .

V. G. U.

. . . .

Baubeamter. Unternehmer.

2. Die Form der sog. Akkordzettel wird namentlich mit Bezug auf die Erdarbeiten gewählt. Ausfertigung in 2 Exemplaren, das eine mit Unterschrift des Unternehmers, das andere mit Unterschrift des Baubeamten. Jeder erhält ein Exemplar.

Beifügung besonderer Bedingungen werden mitunter erforderlich.

Beispiel.

Akkordzettel Nr. . . . . für . . . . . . Arbeit.

Der Schachtmeister . . . . übernimmt in nachstehend bezeichneten Stationen folgende . . . . auszuführen.

Nr.	In den Stationen		Zahl der Einheiten	Beschreibung der Arbeiten	Akkordpreis für die Einheit		Geldbetrag im ganzen	
	von	bis			M.	Pf.	M.	Pf.
				Summe				

Der Schachtmeister . . . . verpflichtet sich, die übernommenen Arbeiten bis zum . . . . 18 . . in gutem, untadelhaften Zustande auszuführen, in welchem Falle er den Betrag am Zahlungstage unverkürzt ausgezahlt erhält.

. . . ., den . . . . 18 . .

Der Schachtmeister.

Besondere Bedingungen. Für die angegebenen Preise sind die Arbeiten nach Anweisungen des Baubeamten auszuführen, welche sowohl vom Schachtmeister als auch von jedem einzelnen Arbeiter zu befolgen sind. Alle Auftrags- und Abtragsdossierungen müssen, falls zu deren Befestigung kein Rasen verwendet wird, für den vereinbarten Preis mindestens 0,2 m stark mit fruchtbarer Erde bekleidet werden. Hierzu ist die obere Erdschicht aller zu vergrabenden oder zu verschüttenden Flächen nach Erfordernis 0,2 bis 0,3 m tief abzustechen und der gewonnene Boden nach Anweisung abzulegen.

Das zur Ausführung der Arbeiten und Ablegung der Materialien bezeichnete Terrain darf vom Schachtmeister nicht eigenmächtig überschritten werden, widrigenfalls er zur Erstattung des entstehenden Schadens verpflichtet ist.

Die in der Tabelle angegebenen Maße sind genau innezuhalten u. s. w.

3. Verträge durch Korrespondenz werden geschlossen, indem die eine Partei die von der anderen gestellten schriftlichen Anträge annimmt. Anträge entweder in Form einer Offerte oder eines Bestellschreibens.

Derartige Vertragsabschlüsse eignen sich für Lieferungen. Sie sind dem kaufmännischen Verkehr entnommen.

Beispiel:

Ort, Datum, Jahreszahl.

An Herrn . . . . . . in . . . .

Zum Bau des . . . . bestellt Unternehmer hierdurch die Lieferungen nach umstehendem Verzeichnis und den beigefügten Preisen unter folgenden Bedingungen:

1. Lieferungen, welche nach Urteil der Bauverwaltung dem umstehenden Verzeichnis nicht entsprechen, müssen nach Vorschrift des Bauleitenden durch geeignete ersetzt werden und sind auf Kosten des Unternehmers vom Bauplatz zu entfernen.
2. Lieferungen müssen bis zum . . . . vollendet werden. Für jeden Tag Verspätung hat Unternehmer eine Konventionalstrafe von $^1/_2$ Prozent der bei richtiger Erfüllung der Verbindlichkeiten ihm dafür zustehenden Gesamt-

forderung zu zahlen. Nach dem Termin noch fehlende Lieferungsgegenstände können ganz oder teilweise auf Kosten des Unternehmers von der Bauverwaltung beschafft werden.

3. Nach Vollendung der Arbeiten, bezw. Lieferungen und nachdem seitens der Bauverwaltung eine Revision stattgefunden und alles bedingungsmäßig befunden worden ist, erfolgt nach der darüber aufgestellten Rechnung die Zahlung durch die Spezialkasse . . . .

Nachdem Sie mir den Empfang dieses Schreibens und Ihr Einverständnis mit dem Inhalt desselben innerhalb der nächsten 8 Tage angezeigt haben werden, und zwar unter Benutzung des beigefügten Formulars, betrachte ich das Übereinkommen als endgültig abgeschlossen.

(Folgt das Leistungsverzeichnis.)

. . . .

Ort, Datum, Jahreszahl.

An den Herrn . . . . in . . . .

In Erwiderung auf das mir zugegangene Schreiben vom . . . ., wovon eine Kopie vorstehend zurückerfolgt, erkläre ich mich mit dem Inhalt derselben einverstanden und verpflichte mich, die bei mir bestellten Lieferungen zu einem Gesamtbetrage von . . . . . Mk. . . . Pf. unter vollkommenster Erfüllung der auf dieselben bezüglichen Bedingungen auszuführen.

Der Unternehmer.

Bei Vertragsabschluß durch eine Offerte unterscheidet sich das Formular von dem vorstehenden nur im Eingang und Schluß des Schreibens.

H. Die Leitung und Überwachung des Baues.

Die Bauausführung.

Bei jeder Bauausführung sind zu unterscheiden:

1. Der Bauherr; 2. die Bauoberleitung; 3. die spezielle Bauleitung.

Als Bauherr kann der Staat oder eine Privatperson, bezw. eine als juristische Person aufzufassende Gesellschaft u. s. w. erscheinen. Ersterer wird vertreten durch eine Verwaltungsbehörde, eine Kommune oder einen anderen öffentlichen Verwaltungskörper.

Der Bauherr erteilt den Auftrag zur Bearbeitung des Projektes, entscheidet über die Baupläne, revidiert und genehmigt die Bauabschlußrechnungen, event. unter Hinzuziehung eines sachverständigen Beirats.

Die Bauoberleitung wird entweder durch Beamte des Bauherrn oder durch für den Einzelfall herangezogene Privattechniker bewirkt. Sie stellt die Projekte und Anschläge auf, stellt den Zeitpunkt des Beginnens der Ausführung fest, schließt die Verträge, event. unter Vorbehalt der Genehmigung des Bauherrn ab, genehmigt die von der Spezialleitung angefertigten Werk- und Detailzeichnungen, erteilt die technischen Instruktionen, kontrolliert die Bauausführung, kontrolliert und weist die Baurechnungen an und übergiebt den fertigen Bau und die Bauabschlußrechnung dem Bauherrn.

Die spezielle Bauleitung kann gleichfalls durch Beamte des Bauherrn oder event. durch Privattechniker gebildet werden. Sie trifft alle Detailanordnungen auf der Baustelle, besorgt die Verdingung der Arbeiten, soweit dies nicht der Bauoberleitung vorbehalten bleibt, steht im geschäftlichen Verkehr mit den Unternehmern, kontrolliert die Arbeiten auf der Baustelle und in den Werkstätten, fertigt die Detailentwürfe und Werkzeichnungen, stellt die Rechnungen fest und übergiebt sie der Bauoberleitung, stattet an diese Bericht über den Fortgang des Baues u. s. w., überreicht endlich derselben die Bauabschlußrechnungen und die sonstigen Bauabschlußarbeiten.

Die Spezialbauleitungen (Bauabteilungen) der einzelnen Baustellen sind der Bauober-(Central-)Leitung unterstellt. Zur Wahrnehmung des inneren Dienstes ist ein Centralbüreau erforderlich, welches sich in eine administrative und eine technische Abteilung gliedert. Erstere umfaßt:

1. Das Sekretariat; 2. die Registratur; 3. die Kanzlei; 4. die technische Rechnungsrevision; 5. die Kalkulatur; 6. die Buchhaltung; 7. die Kasse. Die technische Abteilung umfaßt je nach Bedarf verschiedene Projektierungsbüreaus, eine Plankammer, die Bibliothek und eine Prüfungsstation für Baumaterialien.

J. Erläuterung zu den Formularen und Anlagen,

betreffend

die Geschäftsführung in den Registraturen und in den für bestimmte Zwecke eingerichteten Baubüreaus.

In der Registratur werden die aus dem geschäftlichen Verkehr hervorgehenden Schriftstücke: Anschläge, Verträge, Rechnungen und Zeichnungen aufbewahrt.

Die Akten teilen sich in General- und Spezialakten.

In ersteren sind sämtliche Erlasse, Verordnungen und Verfügungen von allgemeiner Bedeutung aufzunehmen. — Spezialakten beziehen sich auf:

1. größere Bauausführungen,
2. sämtliche, in dem Dienstbezirke vorhandenen, dem Baubeamten unterstellten Gebäude,
3. technische Geschäfte der allgemeinen Landesverwaltung,
4. gerichtliche Vorladungen und Gutachten,
5. Dampfkesselrevisionen,
6. die der Verwaltung unterstellten Beamten.

Die nachstehend bezeichneten Journale, Verzeichnisse und Bücher sind nach den vorgeschriebenen Formularen anzulegen.

Die Formulare selbst sind dem Schlusse dieses Abschnittes angefügt worden.

Formular I.

1. Verzeichnis der Akten. Aus denselben muß stets zu ersehen sein, welche Akten etwa vorübergehend anderweit abgegeben sind. Bei größeren Bauten ist ein besonderes Verzeichnis der in dem betreffenden Baubüreau angelegten Akten zu führen.

Formular II.

2. Haupt-Journal. In dieses sind alle eingehenden Schriftstücke links und alle abgehenden Schriftstücke rechts einzutragen. Bezüglich eingegangener Schriftstücke, welche eine Erwiderung nicht erfordern, ist auf dem rechten Blatt des Journals der Vermerk „zu den Akten" abzusetzen. Für abgehende Schriftstücke, welche ohne Vorgang entstanden sind, ist auf der linken Seite des Journals der Vermerk „von Amtswegen" u. s. w. einzutragen.

Aus dem Journal muß der wesentlichste Inhalt des Schriftwechsels in möglichst knapper Form ersichtlich sein.

Jede eingehende Sache ist mit dem Datum des Einganges und mit der Nummer, unter welcher dieselbe in das Journal eingetragen wurde, zu versehen. Bei jeder eingehenden Sache ist außerdem die Zahl und Art der Anlagen auf dem Stücke selbst und im Journal in der Spalte „Bemerkungen" anzugeben. Es ist hierbei gleichzeitig zu prüfen, ob die angezogenen Anlagen vollständig eingegangen sind.

Die Nummern des Journals laufen von Anfang bis zu Ende jeden Jahres. Bei Bauausführungen, für welche eine besondere Bauleitung eingerichtet ist, muß ein Journal nach dem Muster des Haupt-Journals angelegt und geführt werden.

Formular III.

3. Tagebuch. Für jede größere Bauausführung gesondert anzulegen. Es dient zur Eintragung kurzer Vermerke über den Fortgang und Betrieb des Baues und zur Verzeichnung aller wichtigen, die Ausführung betreffenden Vorgänge mit Datum.

Für größere Bauanlagen mit mehreren Gebäuden ist für jedes Gebäude ein Tagebuch anzulegen. (Auch für spezielle Bauleitung.)

Formular IV.

4. Kassenbücher. In denselben sind sämtliche Rechnungsbeläge nach der Zeitfolge aufzuführen und die Beträge auf die einzelnen Titel zu verteilen, wodurch ein Vergleich der Zahlungen im einzelnen mit den Beträgen in den Kostenanschlägen möglich ist.

So lange die Kostenhöhe durch die Revisionsbehörde noch nicht festgestellt ist, sind die Beträge vorläufig in Blei einzutragen.

Bei größeren, aus mehreren Gebäuden bestehenden Anlagen ist für jeden Kostenanschlag ein Kassenbuch einzurichten.

Wenn bei größeren Bauten Zahlungen aus verschiedenen Kassen geleistet werden, so muß durch Eintragung in besondere Spalten ersichtlich gemacht werden, aus welcher Kasse die einzelnen Posten gezahlt sind.

Bei größeren Bauten mit besonderer Bauleitung müssen behufs besserer Kontrolle doppelte Kassenbücher durch den Bauinspektor und den mit der speziellen Bauleitung betrauten Beamten geführt werden.

Formular V.

5. Abschlagszahlungsbücher. In dieselben sind alle nicht zur endgültigen Verrechnung geeigneten Zahlungen einzutragen. Bei größeren Bauten ist für jeden Unternehmer ein besonderes Konto anzulegen. (Vergleiche die Beilage zu Formular V.) Auch sind doppelte Abschlagszahlungsbücher durch den Bauinspektor und den mit der speziellen Bauleitung betrauten Beamten zu führen.

Formular VI.

6. Materialien-Lieferungsbücher. Aus diesen müssen die angelieferten Materialmengen hervorgehen, der Zeitpunkt der Abnahme, der Name des Lieferanten, sowie das Datum und die Nummer des bezüglichen Vertrages. Verdorbene oder entwendete Materialien sind in der Spalte „Abgang" besonders zu verzeichnen, während die auf der Baustelle etwa gewonnenen Materialien in der Spalte „Bemerkungen" aufzuführen sind.

Bei kleineren Bauausführungen können verschiedene Materialien in einer Liste vereinigt werden; bei größeren Bauten ist dagegen in der Regel für jedes Material eine besondere Abnahmeliste zu führen.

Formular VII.

7. Bestellbücher. Dieselben bestehen aus einer fortlaufenden Reihe von parweise gegenüber gedruckten Formularen, welche bei Bestellungen gleichmäßig auszufüllen sind. Das Exemplar rechts, welches dem betreffenden Unternehmer übersandt wird, dient bei Ablieferung der bestellten Gegenstände zur Kontrolle und ist später als Belag der Rechnung beizufügen.

Formular VIII.

8. Inventarien-Verzeichnisse. Es sind folgende Verzeichnisse anzulegen:

Ein Inventarium der Bauinspektion, enthaltend alle zur betreffenden Dienststelle gehörigen Inventarienstücke wie: Kostenanschläge, Revisionsnachweisungen, Entwürfe von ausgeführten Bauten, Detailzeichnungen, Inventarienzeichnungen, Bücher, Zeitschriften, Geräte, Möbel, Instrumente u. s. w.

Die einzelnen Inventarienstücke sind einerseits nach der Zeit ihrer Beschaffung, bezw. Überweisung, andrerseits nach ihrer Art, in einzelnen Gruppen gesondert, einzutragen. Jeder Gegenstand ist mit der aus dem Inventarium sich ergebenden laufenden Nummer zu bezeichnen.

Formular IX.

Für größere Bauten sind außerdem einzurichten:

a) Ein Inventarien-Verzeichnis. In dieses sind sämtliche zur Ausstattung des Baubüreaus dienenden Gegenstände nach der Zeit ihrer Beschaffung, ohne Bildung besonderer Gruppen einzutragen, mit Ausnahme derjenigen, welche dem regelmäßigen Verbrauche unterliegen.

b) Ein Bau-Inventarium. Hierin gehören die für die eigentliche Bauausführung beschafften Geräte, Schuppen, Instrumente, Maschinen u. s. w.; für dieses Inventarium ist ebenfalls Formular IX zu benutzen.

Formular X.

c) Ein Gebäudeeinrichtungs-Inventarium. Hierin sind alle für die dauernde innere Einrichtung des Gebäudes beschafften Geräte, Möbel u. s. w. einzutragen und zwar zunächst geordnet nach der Zeit ihrer Abnahme durch die Bauverwaltung. Bei Übergabe des Baues an die Behörde, für welche derselbe bestimmt ist, muß letzterer jedoch ein anderweites Verzeichnis übergeben werden, in welchem die Einrichtungsgegenstände, nach ihrer Art gesondert, aufzuführen sind.

Bei kleineren Bauten können die vorbezeichneten 3 Inventarien zusammengefaßt werden.

Der Abgang von Inventarienstücken ist unter Angabe des Grundes und des Verbleibens in dem betreffenden Verzeichnis zu vermerken.

Formular XI.

9. Tagelohnslisten. Für jeden Bau getrennt zu führen, am Ende jeder Woche abzuschließen und mit den Wochenlohnlisten der betreffenden Unternehmer zu vergleichen.

Formular XII.

10. Fuhrlohnslisten. Für diese gilt das bei XI Gesagte.

Formular XIII.

11. Terminkalender. Diese sind für die regelmäßig zu erstattenden Rapporte und für die in bestimmten Terminen zu erledigenden Sachen anzulegen.

Formular XIV.

12. Ein Reisetagebuch. In dieses sind die ausgeführten Dienstreisen mit Angabe des Reisetages und des Reisezweckes einzutragen.

Form der Berichte und Postsendungen.
Formular XV.

In allen abgehenden amtlichen Berichten, welche stets auf gebrochenem Bogen und weißem Papier zu erstatten sind, ist oben auf der linken Seite die absendende Bauinspektion und die Journalnummer der letzteren anzugeben.

In einiger Entfernung darunter ist der Hauptinhalt des Berichtes in kurzer Fassung, sowie die Verfügung, zufolge deren der Bericht erstattet wird, zu verzeichnen. Erfolgt die Berichterstattung erst nach Erlaß einer Erinnerung, so ist auch die Erinnerungsverfügung mit anzuführen. Ist ein schriftlicher Vorgang nicht vorhanden, so ist an dieser Stelle der Vermerk „ohne Vorgang" oder „von Amtswegen" abzusetzen.

Die Adresse ist unten auf die linke Hälfte der ersten Seite zu schreiben, der Tag der Berichterstattung dagegen oben auf der rechten Hälfte der ersten Seite anzugeben.

Die dem Bericht beizufügenden Anlagen sind stets so genau zu bezeichnen, daß eine Verwechslung mit anderen Schriftstücken u. s. w. nicht möglich ist. Die Beifügung der Anlagen ist durch Striche auf der linken Hälfte des Bogens und durch kurze Beschreibung der Anlagen, wie im Formular XV angegeben, zu bezeichnen.

Formular XVI.

13. Portokontobuch. Die seitens der Bauinspektoren verauslagten Portokosten sind hier einzutragen. Das Buch ist immer nur für ein Vierteljahr anzulegen, damit die Buchung ohne Unterbrechung fortgesetzt werden kann.

Formular XVII

bezieht sich auf die Verdingung der Bauarbeiten.

Formular XVIII

bezieht sich auf den Abschluß der Verträge. Nach Erteilung des Zuschlages ist ein solcher mit dem betreffenden Unternehmer unter Benutzung des Formulars XVIII abzuschließen.

Wird mit einer Firma Vertrag geschlossen, so muß derselbe am Eingange etwa folgende Fassung haben:

Zwischen dem Königlichen Bauinspector . . . .
einerseits und der unter Nr. . . . im . . . .
. . . . . . eingetragenen Firma . . . . ,
welche nach dem beigefügten, in beglaubigter Abschrift aus dem Firmenregister gefertigten Auszuge vom . . . .
. . . . durch den . . . .
vertreten wird, andrerseits ist auf Grund der am . . . . . .
. . . . stattgehabten . . . .
Ausschreibung der nachstehende Vertrag unter dem Vorbehalt der Genehmigung der Königlichen . . . .
. . . . abgeschlossen worden.

Formular XIX.

Bei größeren Bauten sind für die abgeschlossenen Verträge besondere Vertragsverzeichnisse nach dem Formular XIX anzufertigen.

Formular XX

bezieht sich auf die Abschlagszahlungen. Die Bescheinigungen für Abschlagszahlungen sind unter Benutzung des Formulars XX auszustellen.

Gelangen auf denselben Vertrag wiederholt Abschlagszahlungen zur Anweisung, so müssen in den betreffenden Bescheinigungen jedesmal die früher schon geleisteten Zwischenzahlungen angegeben werden.

Die Eintragung der Abschlagszahlungen hat sowohl im Kassenbuche (Formular IV), wie im Abschlagszahlungsbuche (Formular V) zu erfolgen.

Formular XXI.

Zu den Rechnungen, Zahlungsanweisungen, Bescheinigungen u. s. w. sind stets ganze, bezw. halbe Bogen Papier zu benutzen; Quartblätter dürfen nicht verwendet werden.

Die Rechnungen sind doppelt unter Benutzung des Formulars XXI auszufertigen und leicht revidierbar aufzustellen. Sie müssen von dem betreffenden Unternehmer unterschrieben sein, auch den Wohnort des letzteren und das Datum der Ausfertigung enthalten.

Die Beläge sind möglichst frei von Berichtigungen und Rasuren zu halten. Sind Abänderungen nötig, so haben solche durch einfaches Durchstreichen der falschen und durch Überschreiben der richtigen Angaben stattzufinden.

Quittungen, in welchen Schreibfehler oder sonstige Unrichtigkeiten vorkommen, sind durch besondere Nachträge zu ergänzen.

Die Beläge sind durch Urschrift oder, wenn dies nicht thunlich ist, in beglaubigter Abschrift vorzulegen; unbeglaubigte Abschriften genügen nicht.

Damit ein Teil der Schrift beim Heften der Beläge nicht undeutlich wird, sind letztere nicht in voller Breite zu beschreiben, vielmehr ist der innere Rand beiderseitig mindestens 1 cm breit frei zu lassen.

Die Rechnungen sind in der Form, Ausdrucksweise, Bezeichnung der Summe und Reihenfolge der Positionsnummern genau nach dem Verdingungsanschlage aufzustellen und hat der Unternehmer hierbei den von der bauleitenden Behörde, bezw. dem bauleitenden Beamten gestellten Anforderungen zu entsprechen.

Etwaige Mehrarbeiten sind in besonderer Rechnung nachzuweisen, unter Angabe der schriftlichen Vereinbarung, welche bezüglich derselben getroffen wurden.

In den Kostenrechnungen über Lieferung, bezw. Unterhaltung von Geräten u. s. w. sind die Neubeschaffungen von den Unterhaltungsarbeiten getrennt aufzuführen. Es ist dabei ersichtlich zu machen, daß die abgängig gewordenen Gegenstände im Inventarium abgesetzt und die als Ersatz derselben beschafften Stücke daselbst unter Angabe der Inventarisationsnummer in Zugang gestellt sind. Außerdem ist anzugeben, wie die in Abgang gestellten Gegenstände verwertet, bezw., wo dieselben verblieben sind.

Materialien müssen nach Menge, Sorte und Einheitspreis bezeichnet und in Ubereinstimmung mit den Lieferungsverträgen aufgeführt werden.

Beläge, welche als Ergänzung anderer dienen, wie z. B. bei Auslagen die Quittungen der Empfänger, bei Beförderungskosten die Frachtscheine u. s. w. sind jedesmal beizufügen.

Überstunden bei Tagelöhnern müssen gesondert zur Berechnung gebracht werden.

Der vorgesetzten Behörde sind nicht nur die vorschriftsmäßig bescheinigten Hauptexemplare der Rechnungsbeläge zur Feststellung und Anweisung, sondern auch die mit jenen genau übereinstimmenden Duplikate mit dem Ersuchen vorzulegen, letztere nach den bei der Revision sich als notwendig ergebenden Änderungen zu berichtigen. Ist dies in einzelnen Fällen nicht thunlich, so haben die Bauinspektoren für eine Berichtigung der Duplikate durch Vergleichung derselben mit den bei der Kasse befindlichen Rechnungen zu sorgen.

Die Hauptexemplare der Rechnungsbeläge gehen der betreffenden Kasse als Belagstücke zu, die Duplikate dagegen werden dem Bauinspektor wieder zugestellt für die Registratur.

Den auf den Geldausgabe-Belägen auszustellenden Bescheinigungen kann die abgekürzte Form:

„Die Richtigkeit bescheinigt“

gegeben werden, soweit nicht die nachstehend aufgeführten Vorschriften eine ausführlichere Bescheinigung bedingen. Mit Bezug auf die besonderen Bescheinigungen ist zu bemerken:

1. Beim Ankauf von Inventarienstücken ist auf dem Belage die Eintragung in das Inventarium unter Angabe der Seite, Nummer und Abteilung desselben zu bescheinigen.

2. Bei den nach Gewicht in Rechnung gestellten Materialien und sonstigen Gegenständen ist die Richtigkeit des angesetzten Gewichts, falls amtliche Wagezettel nicht beigebracht sind, besonders zu bescheinigen.

3. Bei den Rechnungen über die zu Bauzwecken beschafften Schreib- und Zeichenmaterialien ist zu bescheinigen, daß die fraglichen Gegenstände lediglich zum Zweck des vorliegenden Baues angeschafft und dazu vollständig verwendet sind.

4. Bei Berechnungen von Bekanntmachungsgebühren ist zu bescheinigen, daß die Bekanntmachung erfolgt und der dafür in Rechnung gestellte Betrag richtig angesetzt, bezw. aus fiskalischer Kasse zu berichtigen ist.

5. Bei Frachtkostenrechnungen ist zu bescheinigen, daß der betreffende Unternehmer zur Tragung der Frachtkosten nicht verpflichtet war.

6. Bei Rechnungen über Ergänzung zerbrochener Gegenstände, als Fensterscheiben u. s. w., ist die Ursache des Bruches anzugeben und außerdem zu bescheinigen, daß die Beschädigung ohne vertretbares Verschulden eines Dritten erfolgt ist, bezw., daß zum Ersatz Verpflichtete nicht zu ermitteln gewesen sind.

7. Bei Rechnungen über vertragsmäßige Arbeiten und Lieferungen ist zu bescheinigen, daß der betreffende Unternehmer die ihm übertragenen Leistungen den Bedingungen des Vertrages gemäß entsprechend zur Ausführung gebracht hat. Wenn die Erfüllung des Vertrages nicht rechtzeitig erfolgt und dadurch eine Konventionalstrafe verwirkt sein sollte, ist der Abnahmebescheinigung erforderlichen Falles eine Berechnung derselben beizufügen.

8. Wenn Königl. Regierungsbaumeister und -Bauführer gleichzeitig zur Beaufsichtigung mehrerer Bauten herangezogen werden und daher aus verschiedenen Baumitteln Tagegelder u. s. w. erhalten, muß den Belägen eine besondere dahin lautende Bescheinigung der bauleitenden Behörde beigefügt werden, daß der Regierungsbaumeister u. s. w. für die Zeit, für welche er ausweislich der Rechnung aus dem Baufonds besoldet wurde, nicht auch aus anderen Fonds Tagegelder u. s. w. bezogen, oder wie viel er für den in Rede stehenden Zeitraum anteilig aus verschiedenen Baufonds erhalten hat.

Hinsichtlich der Bescheinigung der Schlußabrechnungen wird bestimmt:

Formular XXII.

1. Für den Fall, daß der Bau an einen Unternehmer im ganzen vergeben war, ist der Schlußabrechnung eine unter Benutzung des Formulars XXII aufgestellte Abnahmebescheinigung beizufügen.

Formular XXIII.

2. Für den Fall, daß der Bau an mehrere Unternehmer verdungen war, ist die Schlußabrechnung mit einer Abnahmebescheinigung nach Maßgabe des Formulars XXIII zu versehen.

Verwertung entbehrlicher Materialien, Geräte u. s. w.

Formular XXIV.

Über die erfolgte Versteigerung ist eine Verhandlung nach dem Muster des Formulars XXIV aufzunehmen.

Vor Beginn der Versteigerung sind die Bedingungen zu verlesen, unter welchen der Verkauf im Wege des Meistgebotes erfolgen soll; dieselben müssen u. a. folgende Bestimmungen enthalten:

1. daß Gebote, welche unter der Taxe bleiben, nicht angenommen werden;
2. daß der Kaufpreis sofort nach erfolgtem Zuschlag zu entrichten ist;
3. daß die verkauften Gegenstände mit Erteilung des Zuschlages in den Besitz des Käufers übergehen und dieser für deren Bewachung selbst Sorge zu tragen hat;
4. daß die Abfuhr der gekauften Gegenstände bis zu einem bestimmten Zeitpunkt zu bewirken ist u. s. w.

Unterschrift der Bieter nicht erforderlich.

Formular I.

Actenverzeichniß

der Königlichen Bauinspection zu . . . .

Lfde. Nr.	Stückzahl der Vol.	Bezeichnung der Acten	Bemerkungen
		A. Generalacten	
1		betr.	
2		betr. u. s. w.	
		B. Specialacten	
		I. Domänenbauten:	
1		Bauten auf der Domäne M.	
2		„ „ „ „ N. u. s. w.	
		II. Forstbauten:	

Formular III.

Tagebuch.

Lfde. Nr.	Datum Monat	Datum Tag	Kurze Vermerke über den Fortgang und Betrieb des Baues. Verzeichniß aller wichtigen Vorgänge	Bemerkungen

Formular II.

Hauptjournal.

Lfde. Nr.	Datum und Nummer des Schriftst.	Datum des Einganges	Absender	Inhalt der eingehenden Schriftstücke	Frist	Empfänger	Inhalt der abgehenden Schriftstücke	Datum des Schriftstücks	Datum des Abganges	Bemerkungen

Formular IV.

Kassenbuch.

Datum und Journal-Nr. des Berichtes	Datum und Journal-Nr. der Anweisung	Namen der Empfänger und Gegenstand der Zahlung	Betrag der endgültigen Zahlungen: gezahlt von der ...... Hauptkasse		Betrag der endgültigen Zahlungen: gezahlt von der ...... Spez.-Baukasse		Betrag der Abschlagszahlungen: gezahlt von der ...... Hauptkasse	Betrag der Abschlagszahlungen: gezahlt von der ...... Spez.-Baukasse	Gesammt-Betrag		Tit. I. Erdarbeiten		Tit. II. Maurerarbeiten a: Arbeitslohn		Tit. II. Maurerarbeiten b. Materialien		Tit. III. Asphaltarb.		Tit. IV. Steinmetzarbeiten		Tit. V. Zimmerarbeiten		Tit. VI. Staakerarbeiten		Tit. VII. Schmiede- und Eisenarbeiten		Tit. VIII. Dachdeckerarbeiten		Tit. IX. Klempnerarbeiten		Tit. X. Tischlerarbeiten		Tit. XI. Schlosserarbeiten		Tit. XII. Glaserarbeiten		Tit. XIII. Anstreicher- u. Tapeziererarbeiten		Tit. XIV. Stuckarbeiten		Tit. XV. Ofenarbeiten und Central-Heizung		Tit. XVI. Gas- und Wasseranlagen		Tit. XVII. Bauführungskosten und Rendantengeb.		Tit. XVIII. Insgemein		Bemerkungen.
			M	Pf.	M	Pf.	M	M	M	Pf.	M	Pf.	M	Pf.	M	Pf.	M	Pf.	M	Pf.	M	Pf.	M	Pf.	M	Pf.	M	Pf.	M	Pf.	M	Pf.	M	Pf.	M	Pf.	M	Pf.	M	Pf.	M	Pf.	M	Pf.	M	Pf.	M	Pf.	

Bemerkung. Für Formular IV genügt die gewöhnliche Papierbreite nicht.

Formular V.

Abschlagszahlungsbuch,

betreffend den Neubau . . . .

. . . .

zu . . . .

Lfde. Nr.	Namen der Unternehmer	Vertrag, betr.	Seite des besond. Contos	Bemerkungen.

Beilage zu Formular V.

Abschlagszahlungsbuch.

(besonderes Conto).

Neubau des . . . .

Name des Unternehmers: . . . .

Vertragsgegenstand: . . . .

Art der Vergebung: . . . .

Vertrag vom .... ten . . . . 18.... — . . . .

Vertragssumme: . . . .

Caution: { Betrag: . . . .
rückzahlbar am .... ten . . . . 18....
zurückgezahlt am .... ten . . . . 18....

Nr. der Abschlagszahlung	Belags-Nr. des Cassenbuches	Datum und Journal-Nr. der Anweisung	Betrag der Zahlung M	Bemerkungen.

Formular VI.

Materialien-Lieferungsbuch,

betreffend den Neubau de . . . .
. . . . zu . . . .

Name des Unternehmers: . . . .
Vertragsgegenstand: . . . .
Vertrag vom . . . ten . . . . 18 . . .
Vertragssumme: . . . .

Lfde. Nr.	Datum der Liefe-rung	Datum der Ab-nahme	Lieferung von:	Abgang	Hat Abschlags-zahlungen erhalten:	Bemerkungen

Formular VII.

Bestellzettel Nr. ....

Herr (bezw. die Firma) . . . . . .
wird hierdurch ersucht, zum Bau de . .
. . . .
innerhalb . . . . Tagen zu liefern:
. . . .
. . . . . den . . ten . . . . 18 . .
Für die Bau-Verwaltung:
(Name u. Amtscharakter.)

Bestellzettel Nr. ....

Herr (bezw. die Firma) . . . . . .
wird hierdurch ersucht, zum Bau de . .
. . . .
innerhalb . . . . Tagen zu liefern:
. . . .
. . . . . den . . ten . . . . 18 . .
Für die Bau-Verwaltung:
(Name u. Amtscharakter.)

Dieser Zettel ist der Rechnung als Belag beizufügen.

Formular VIII.

Inventarien-Verzeichniß der Dienststelle.

Lfde. Nr.	Nummer in der Abtheilung	Stückzahl	Bezeichnung des Inventarien-Bestandes und des Zuganges	Abgang	Bemerkungen

Formular IX.

Inventarien-Verzeichniß

der für das Baubureau und die Baustelle beschafften Gegenstände.

Lfde. Nr.	Nr. des Belages	Stückzahl	Gegenstand	Beschaffungskosten M	Beschaffungskosten Pf.	Datum des Abganges	Erzielter Erlös M	Erzielter Erlös Pf.	Bemerkungen

Formular X.

Gebäudeeinrichtungs-Inventar.

Lfde. Nr.	Nr. des Belages	Stückzahl	Gegenstand	Beschaffungskosten M	Beschaffungskosten Pf.	Datum der Uebergabe an die nutznießende Behörde	Inventarisirt von d. nutznießenden Behörde unter Nr.	Bemerkungen

Formular XI.

Tagelohnliste,

betreffend den Neubau . . . .
. . . . zu . . . .

Lfde. Nr.	Bezeichnung der Arbeiter und der betreffenden Leistungen	Bedungener Lohnsatz für die Stunde M	Bedungener Lohnsatz für die Stunde Pf.	Arbeitsstunden Sonntag	Montag	Dienstag	Mittwoch	Donnerstag	Freitag	Sonnabend	Zusammen	Betrag M	Betrag Pf.	Bemerkungen

Formular XII.

Fuhrlohnliste,

betreffend den Neubau . . . .
. . . . zu . . . .

Lfde. Nr.	Berechnung der Fuhren	Bedungener Einzelpreis M	Bedungener Einzelpreis Pf.	Geleistete Fuhren	Betrag M	Betrag Pf.	Bemerkungen

Formular XIII.

Terminkalender.

Lfde. Nr.	Datum und Nr. der Verfügung	Bezeichnung der zu erstattenden Berichte, Rapporte u. s. w.	Soll erledigt sein am	Bemerkungen

Formular XIV.

Reisetagebuch.

Datum Monat	Datum Tag	Ort des Aufenthaltes	Nähere Angabe der Dienstgeschäfte, bezw. der Angelegenheit, in welcher gereist ist	Zahl der zurückgelegten Kilometer	Bemerkungen

Formular XV.

Bauinspection: . . . . .

. . . . . den . . ten . . . . 18 . .

J.-Nr. . . . . .

Betrifft:

. . . .
. . . .
. . . .

Auf Verfügung vom . . ten . . 18 . .
(Nr. der Verfügung)

Berichterstatter:
Regierungs-Baumeister
. . . .

. . . . Anlagen:
a, b, c, d u. s. w.

Euer Wohlgeboren bezw. (Der Königlichen Regierung) beehre ich mich, in Erledigung der nebengenannten hohen Verfügung, unter Wiederanschluß der Anlagen derselben, gehorsamst zu berichten, daß u. s. w.

. . . .
. . . .
. . . .

Der Königliche Bauinspector.
. . . .

An
den Kgl. Regierungspräsidenten
Herrn N. N.
Hochwohlgeboren
(bezw.:
An
die Königliche Regierung)
zu
. . . .

Formular XVI.

Porto-Contobuch,

betreffend die von dem Bauinspector . . . . . zu . . . .
im . . Quartal 18 . . / . . in Dienstangelegenheiten verausgabten Portobeträge.

Lfde. Nr.	Datum	Journ.-Nr.	Sendung		Empfänger bezw. Absender	Verausgabtes Porto beim			
			Packet	Brief		Eingang		Abgang	
						M	Pf.	M	Pf.

Beilage zu Formular XVI.

Gebührenrechnung,

betreffend die von dem Bauinspector . . . . zu . . .
im . . Quartal 18 . . / . . in Dienstangelegenheiten verausgabten Portobeträge.

Nach Ausweis des anbei zur Prüfung vorgelegten Porto-Contobuches sind von mir in den Monaten . . . . bis einschl. . . . . . 18 . . an Porto verausgabt . . . . Mark . . Pf.

Daß die Sendungen, für welche das hier berechnete Porto in Ansatz gebracht ist, lediglich dem Königlichen Dienst und kein einseitiges Interesse von Privatpersonen betroffen haben, wird hiermit bescheinigt.

. . . . . ., den . . ten . . . . 18 . .

Der Königliche Bauinspector

. . . .

Nach dem rechnerisch geprüften Porto-Contobuche auf . . . Mark . . Pf. festgestellt.

Verdingungsverhandlung.

Formular XVII.

. . . . . ., den . . ten . . . . 18 . .

Zur Eröffnung der Angebote, betreffend die für den Neubau . . . .

in öffentlicher (beschränkter) Ausschreibung zu vergebende . . . .

. . . .

. . . .

. . . .

war auf heute . . mittag . . Uhr im Baubureau . . . .

. . . . Straße Nr. . .

ein Termin anberaumt.

Zu dem in Folge Bekanntmachung in den Zeitungen: . . . .

. . . .

. . . .

. . . .

angegebenen (in Folge besonderer Aufforderung den Unternehmern: . . . . .

. . . .

. . . .

. . . .

mitgetheilten) Termine sind die nachstehend bezeichneten Angebote rechtzeitig eingegangen, welche in Gegenwart der erschienenen Bewerber, bezw. der Bevollmächtigten derselben eröffnet wurden.

Die

Nach rechnerischer Prüfung der Angebote ergeben sich folgende Endsummen:

1. bei . . . . Mark . . Pf.
2. bei . . . . „ . . „
3. bei . . . . „ . . „
4. bei . . . . „ . . „
5. bei . . . . „ . . „
6. bei . . . . „ . . „

. . . . „ . . „
. . . . „ . . „
. . . . „ . . „

(Name d. Baubeamten
und Datum.)

Die Angebote weisen folgende Endsummen auf:

1. bei . . . . Mark . . Pf.
2. bei . . . . „ . . „
3. bei . . . . „ . . „
4. bei . . . . „ . . „
5. bei . . . . „ . . „
6. bei . . . . „ . . „

. . . . „ . . „
. . . . „ . . „
. . . . „ . . „

und enthalten, abgesehen von Nr. . . . sämmtlich die ausdrückliche Erklärung, daß die Bewerber sich den Bedingungen, welche der Ausschreibung zu Grunde gelegt sind, unterwerfen.

Die rechnerische Prüfung der Angebote, sowie die Berichtigung der Endsummen derselben bleibt vorbehalten.

Da sonst nichts zu bemerken war, wurde diese Verhandlung geschlossen und von den anwesenden Bewerbern, bezw. den Bevollmächtigten derselben, unterschrieben.

v. g. u.*)

. . . .
. . . .
. . . .
. . . .
. . . .
. . . .
. . . .

g. w. o.**)

Der Königliche Bauinspector.

. . . .

*) (vorgelesen, genehmigt und unterschrieben.)

**) (geschehen wie oben.)

Formular XVIII.

. . . . . . Exemplar.

Zwischen dem Königlichen Bauinspector . . . . einerseits, und . . . . andererseits ist auf Grund der am . . ten . . . . 18 . . stattgehabten . . . . Ausschreibung der nachstehende Vertrag unter dem Vorbehalte der Genehmigung d . . Königlichen . . . . abgeschlossen worden.

§ 1.

D . . . . übernimmt die . . . .

§ 2.

Der Ausführung der Arbeiten und Lieferungen liegen die angehefteten, von beiden Theilen unterschriebenen besonderen Vertragsbedingungen vom . . ten . . . . 18 . . und die allgemeinen Vertragsbedingungen für die Ausführung von Hochbauten vom 17. Juli 1885 zu Grunde. Für die Ausführung sind ferner maßgebend die auf den Gegenstand bezüglichen . . . Blatt Zeichnungen, welche als zu diesem Vertrage gehörige Anlagen von beiden Theilen durch Unterschrift anerkannt sind.

§ 3.

Die Preise, welche der Unternehmer für die anzufertigenden Arbeiten und zu liefernden Materialien zu empfangen hat, ergeben sich aus dem angehefteten

Verdingungsanschlage vom . . ten . . . . 18 . ., welcher mit der Summe von . . . . abschließt.

§ 4.

Der Werth der zur Verwendung gelangenden Materialien in demjenigen Zustande, in welchem sie mit dem Grund und Boden in dauernde Verbindung gebracht werden, beträgt . . . . Mark.

Der Werth der auf der Baustelle auszuführenden Arbeiten beträgt . . . . Mark.

§ 5.

Dieser Vertrag ist in 2 Exemplaren ausgefertigt und von beiden Theilen eigenhändig unterschrieben worden.

. . . . den . . ten . . . . 18 . .

Der Königliche Bauinspektor . . . .

Der Unternehmer . . . .
. . . .

[Bei Gemeindebauten ist an dieser Stelle folgender Vermerk abzusetzen:

Mit vorstehendem Vertrage erklären wir uns unter ausdrücklicher Anerkennung unserer Verpflichtung zur unentgeltlichen Leistung der Hand- und Spanndienste einverstanden.]

. . . . den . . ten . . . . 18 .

Der Gemeindekirchenrath

. . . .]

Vorstehender Vertrag wird hiermit genehmigt.

In Gemäßheit der Bedingungen hat der Unternehmer eine Caution von:
» . . . . Mark«,
in Worten: » . . . . Mark«,
bestellt [zu bestellen, welche von den Abschlagszahlungen einbehalten werden soll].

Der Vertrags-Ausführungsstempel und zwar:

1. zu dem Hauptexemplar:
   a) der allgemeine Vertragsstempel mit . . . . Mark . . Pf.
   b) der Stempel von dem im § 4 angegebenen Materialienwerthe im Betrage von . . . . . Mark, mit $^1/_3$ Prozent = ... Mark . . Pf.

   Zusammen . . . . . Mark . . Pf.

2. zu dem Nebenexemplar mit . . . . Mark . . Pf.

ist cassirt.

. . . . den . . ten . . . . 18 . .

Königliche . . . .

Formular XIX.

Vertragsverzeichniß,

betreffend den . . . .

Lfde. Nr.	Datum des Vertrages	Name des Unternehmers	Gegenstand des Vertrages	Caution: Betrag ℳ	Caution: Zeitpunkt der Rückgabe	Conventionalstrafe	Termin für die Abnahme	Betrag der Schlußrechnung ℳ	Pf.

Formular XX.

Neubau . . . . Belags-Nr. . . . .
. . . .
Tit. . . Pos. . . des Anschlages vom . . ten . . . . . . 18 . .
J.-Nr. . . .

Abschlagszahlungs-Bescheinigung.

(. . . . te Zwischenzahlung.)

Der . . . . zu . . . .
. . . . hat auf Grund des Vertrages vom . . ten . . . . . . 18 . .
Nr. . . zum vorgedachten Bau bis jetzt . . . .
. . . . geleistet im Werthe von rund . . . . Mark.
Hierauf hat derselbe an Abschlagszahlungen bereits erhalten:
nach den Verfügungen der Königlichen . . . .
1. vom . . ten . . . . . . 18 . . Nr. . . = ... Mark,
2. vom . . ten . . . . . . 18 . . Nr. . . = ... „
3. vom . . ten . . . . . . 18 . . Nr. . . = ... „
4. vom . . ten . . . . . . 18 . . Nr. . . = ... „
zusammen ab . . . . Mark.
daher Guthaben . . . . Mark.
Hierauf kann demselben ein weiterer Betrag von:
» . . . . Mark«,
in Worten: » . . . . Mark«, mit Sicherheit abschläglich gezahlt werden.
. . . . den . . ten . . . . . . 18 . .

Der Königliche Bauinspector
. . . .

Formular XXI.

Neubau . . . . Belags-Nr. . . . .
. . . .
Kostenanschlag vom . . ten . . . . 18 . .
Tit. . . . .
Pos. . . . .
Vertrag vom . . ten . . . . . . 18 . .

Rechnung.

. . . .
. . . .

Lfde. Nr.	Pos. des Verdingungsanschlages	Anzahl	Gegenstand	Geldbetrag im Einzelnen ℳ	Pf.	Geldbetrag im Ganzen ℳ	Pf.	Bemerkungen

Formular XXII.

Abnahmebescheinigung.

Auf Grund örtlich bewirkter Bauabnahme wird hiermit bescheinigt, daß der Unternehmer . . . . zu . . . . die durch den Vertrag vom . . ten . . . . 18 . . Nr. . . . übernommene gesammte Ausführung des . . . . Baues . . . . in . . . . . . den Vereinbarungen des Vertrages entsprechend, tüchtig und rechtzeitig (mit . . . Tagen Verspätung) bewirkt hat.

Der dem Unternehmer im Ganzen zustehende Geldbetrag ist in der beigefügten Schlußrechnung vom . . ten . . . . 18 . . auf: . . . . „ . . . . . Mk. . . Pf.", festgestellt. Der nach Berücksichtigung der bereits geleisteten Abschlagszahlungen dem Unternehmen noch zustehende Restbetrag ist am Schlusse der Rechnung nachgewiesen.

. . . ., den . . ten . . . . 18 . .

Der Königliche Bauinspektor

. . . .

Formular XXIII.

Abnahmebescheinigung.

Auf Grund örtlicher Bauabnahme wird hiermit bescheinigt, daß sämmtliche, in vorstehender Kostenzusammenstellung aufgeführte Lieferungen und Leistungen für den Bau d . . . . in . . . . nach Maßgabe des Kostenanschlages vom . . ten . . . . 18 . . bezw. der abgeschlossenen Verträge, oder der sonst getroffenen Vereinbarungen ordnungsmäßig, unter Einhaltung der gestellten Bedingungen bewirkt worden sind; daß sämmtliche für den Bau in Rechnung gestellten Materialien zur vollständigen, bestimmungsmäßigen Verwendung gelangt sind, bezw. welche Materialien im Bestande verblieben, und daß entweder keine oder nicht mehr als die ihrer Höhe nach anzugebenden Erlöse aus dem Verkaufe erübrigten Materialien u. s. w. aufgenommen sind.

Die Kosten der Bauausführung betragen nach der Schlußabrechnung vom . . . . im Ganzen . . . . Mark . . Pf.

. . . ., den . . ten . . . . . . 18 . .

Der Königliche Bauinspektor

. . . .

Formular XXIV.

Versteigerungsverhandlung.

. . . . den . . ten . . . . . . 18 . .

Behufs öffentlichen meistbietenden Verkaufes der bei . . . . erübrigten alten Materialien und abgängig gewordenen Geräthschaften war auf heute . . . . mittag . . Uhr auf dem Grundstücke . . . . Straße Nr. . . . Termin anberaumt, welcher durch entsprechende Anzeigen in den Zeitungen . . . . sowie durch Ausruf, bezw. Aushang, bekannt gemacht worden ist.

Nach Verlesung der für den Verkauf aufgestellten Bedingungen wurde zur Versteigerung geschritten, bei welcher die in der anliegenden Zusammenstellung bezeichneten Meistgebote erzielt worden sind.

Der Königliche Bauinspektor

. . . .

Beilage zu Formular XXIV.

Zusammenstellung der abgegebenen Meistgebote.

Loos Nr.	Name des Verkäufers	Wohnort des Käufers	Meistgebot M.	Meistgebot Pf.	Spalte für die etwaige Unterschrift des Käufers
		Summe			

Der Königliche Bauinspektor

. . . .

K. Einrichtung der Baustelle und Bemerkungen, betreffend praktische Seiten der Bauausführung.

Für große Baustellen ist die Anfertigung eines Dispositionsplanes erforderlich. Auf demselben sind die Zufuhr- und Transportwege (etwaige Geleisanlagen) Entwässerungsvorkehrungen, Materialienschuppen, Materialienlagerplätze, Lage des Baubüreaus, vorläufige Boden-Ablagerungsstellen, Umfriedigung und anderes Zugehörige anzugeben.

Für die Aufbewahrung von Cement und Wasserkalk 2c. sind Bretterschuppen aufzuführen, auch an bequem gelegenen Stellen einige Abtritte anzulegen, damit nicht an versteckt liegenden Stellen des Baues sich Bedürfnisanstalten bilden.

Der Brunnen ist vor Beginn der Maurerarbeiten herzustellen, Wasser event. auch durch sogenannte Abessinier-Brunnen zu beschaffen, falls eine andere Wasserbeschaffung nicht bequem zu erlangen ist.

Kalkgruben sind auf kleineren Baustellen zweckmäßig 3 m lang, 2 m breit und 1,5 m tief zu machen. Auf jeder Baustelle sind mindestens 2 Kalkgruben anzulegen, von denen nur eine jeweilig benutzt wird. Zumeist läßt die Bauverwaltung die Gruben herstellen.

Bruchsteine werden seitens der Bauverwaltung aufgesetzt, um ein dichtes Aneinanderlegen der Steine herbeizuführen.

Ziegelsteine sind in Haufen von 150 oder 200 Stück aufzusetzen und zwar entweder 12 Schichten à 12 Steine + 6 Steine oder
12 „ à 16 „ + 8 „ .
Lieferungen der einzelnen Unternehmer sind durch breitere Gänge zu trennen, sowie durch Tafeln mit Namen zu bezeichnen. Abgenommenes Material ist durch Bespritzen mit Kalkwasser kenntlich zu machen.

Bezüglich der weiteren Bemerkungen für die Bauausführung ist das bereits anderweitig genannte Werk „Handbuch der Baukunde" (Heft I, bearbeitet von Krüger, Posern und Dr. Hilse) benutzt worden.

Für die Abschnürungen des Unternehmens ist zuvor eine Absteckung der Hauptaxen und Fluchtlinien seitens der Bauverwaltung zu machen; die Richtungslinien werden durch Kreuzpfähle bezeichnet. Pfähle, etwa 8 bis 10 cm stark, 0,4 bis 0,6 m lang, am einzugrabenden Ende mit horizontalem Lattenkreuz aus 0,3 m langen, 2/4 cm starken Latten, ca. 10 bis 20 cm aus dem Terrain hervorragend, werden eingegraben und sorgfältig festgestampft; die Kopffläche des Kreuzpfahls erhält zur Bezeichnung des durch denselben fixierten Punktes einen kreuzförmigen Einschnitt. Die Hauptabsteckung muß, wenn möglich, insbesondere bei komplizierten und wichtigen Absteckungen, von einem zweiten Beamten kontrolliert werden. Für umfangreiche Absteckungen muß ein Absteckungsplan gezeichnet werden. (Keller- oder Bankettgrundriß, oder wenn die Blätter zu groß sind, ein hierzu gezeichneter kleiner Übersichtsplan mit den erforderlichen Maßen und den in rot eingetragenen abzusteckenden Axen). Dem Unternehmer wird davon eine Kopie eingehändigt. Zum Anschluß für die Höhenmessungen müssen ein oder mehrere Fixpunkte gesetzt werden (Kreuzpfähle wie oben, aber nur einige Centimeter aus dem Terrain hervorragend, auf dem Kopf mit ganz eingeschlagenem Nagel). Die Fixpunkte müssen an ein vorhandenes Nivellement angeschlossen oder untereinander durch Nivellement verbunden werden. Die Baugrube bedarf nur einer rohen Absteckung, welche im Anschluß an die Axenabsteckung leicht ausführbar ist.

Nach dem Ausheben der Baugrube und vor Anlegen der Bankettgräben hat Unternehmer die Schnurgerüste aus Latten herzustellen. Die Abschnürung muß von dem Baubeamten sorgfältig kontrolliert werden.

Nach Fertigstellung der Bankette und bei Anlage des aufgehenden Mauerwerks ist eine nochmalige sorgfältige Kontrolle vorzunehmen. Sobald das Mauerwerk über Terrain höher geführt wird, sind an den Ecken des Gebäudes Maßlatten mit genauer Schichtenteilung aufzustellen, welche ebenfalls von dem Baubeamten zu kontrollieren sind. Bei gutem Material rechnet man gewöhnlich pro steigendes Meter (77 mm Schichthöhe) 13 Schichten, bei nicht sehr genau gearbeitetem Material mauert man mit Schichthöhen von 80 mm.

Das Kellermauerwerk darf nicht „gegen Grund" (d. h. unmittelbar anstoßend an Erdwände) gemauert werden. Vergitterungen der Kellerfenster werden zweckmäßig bei der Aufmauerung eingesetzt.

Ist Verblendung der Plinthen oder des Sockelgeschosses vorgesehen, so muß mit dem Versetzen der Platten stets von den Ecken aus begonnen werden. — Profilierungen von Werksteinen werden durch Bretterschalung oder in Lehm gelegte Backsteine oder Lehmschlag vor Beschädigungen geschützt. Zur Sicherung gegen Eindringen von Kalk werden Werksteinflächen mit einer wässerigen Auflösung von Lehm überzogen.

Steinerne oder eiserne Treppen sind durch Belegen von Brettern gegen Beschädigungen zu sichern.

Anker sind so einzulegen, daß sie nicht über Fensteröffnungen treffen.

Die Stöße der Mauerlatten für die Balkenlagen sollen über den Fensterpfeilern liegen.

Fensterbänke in Haustein und dergl. werden anfangs nur an beiden Enden untermauert und erst nach erfolgtem Setzen des Baues unterlegt.

Es ist das Bestreben bei jeder Bauausführung, den Bau so schnell wie möglich unter Dach zu bringen. Wenn man vor Eintritt des Winters die Eindeckung nicht vollenden kann, muß eine provisorische Eindeckung vorgenommen werden. Dabei ist besonders auf gute Ableitung des Regenwassers von der Mauergleiche zu achten und sind jedenfalls provisorische Abfallrohre anzubringen. Im übrigen ist erst nach Aufstellen des Dachverbandes, Befestigen der Schraubenbolzen, Hängeeisen, Zugeisen u. s. w. das Aufmauern der Giebel und Schornsteine vorzunehmen, worauf die Klempnerarbeiten und das Eindecken der Dachflächen folgen.

Die Ausführung der Kellergewölbe und der sonstigen Deckeneinwölbungen erfolgt am besten nach Eindeckung des Daches. Öffnungen im Dache oder auch seitliche, durch welche Regen auf die Gewölbe fallen kann, sind abends sorgfältig zu schließen, um Wasseransammlungen in den Zwickeln vorzubeugen, die bei frisch gemauerten Wölbungen leicht den Einsturz bewirken können. Die Ausführung der Wölbungen erst nach ausgeführter Dacheindeckung hat ferner die Vorteile, daß die Widerlager dann besser erhärtet sind und daß die Gefahr vor Beschädigungen durch herabfallende Stücke wesentlich gemindert ist. Bei Tonnengewölben und Kreuzgewölben mauert man die Widerlager vor, bei den flachen Kappen werden die Gurtbogen von vornherein ausgeführt. Da, wo sich die Kappenanfänge anschließen, wird das Mauerwerk so zurückgesetzt, daß man die erste Steinschicht der Kappen hier einsetzen kann.

Der Deckenputz ist immer früher als der Wandputz auszuführen.

Die Gas-, Wasser- und Entwässerungsleitungen sind, sofern sie verdeckt angebracht werden, vor Beginn der Putzarbeiten in den betreffenden Räumen anzubringen.

Die Klosetbecken lasse man nicht eher aufstellen, als bis die Klosetträume von den übrigen Handwerkern fertig gestellt sind und halte die Räume sorgfältig unter Verschluß, um eine Benutzung und Beschmutzung der Klosets zu verhindern.

Es ist strenge zu verhüten, daß einzelne Räume von Handwerkern eigenmächtig mit Beschlag belegt werden, um darin Handwerkszeug, Kleider u. s. w. aufzubewahren. Nach Bedarf sind einzelnen Handwerkern (wie Malern) verschliessbare Räume im Keller zur Aufbewahrung ihrer Gerätschaften zu überweisen. — Räume, in denen nicht gearbeitet wird, müssen unter Verschluß gehalten werden.

Das Legen der Fußböden muß bei trockenem Wetter und auf ganz ausgetrockneter Unterlage ausgeführt werden. Feinere Fußböden werden durch Belegen mit Pappe, Schwellen und bessere Treppen durch Schutzbretter vor Beschädigungen gesichert.

Luxus-Drücker und Oliven der Thür- und Fensterbeschläge werden nach dem Anschlagen eingebunden.

Bei Ausführung der Tapezierarbeiten sind die Fenster geschlossen zu halten; ebenso beim Streichen der Fußböden und Legen der Parkett-Fußböden. Der Tapezierer muß unter seinem Tische 2c. eine Decke ausbreiten, auf welche alle Abfälle zu werfen sind. — Es ist besonders darauf zu achten, daß die Maler nicht die Wasserkasten der Fenster zum Anmachen der Farben benutzen und Pinsel im Keller an den Wänden und Thüren ausstreichen.

Fensterglas darf nicht in Kisten aus stark harzigem Holz, auch nicht in Räumen aufbewahrt werden, welche feucht sind, da in beiden Fällen Erblindung stattfindet.

Hinsichtlich mancher sonstigen bei der Bauausführung zu beachtenden Rücksichten praktischer Natur geben die „Speziellen Bedingungen" (Seite 12 bis 58) ausreichende Auskunft.

II. Das Baurecht.

Mit Bezug auf das Baurecht sei hier auf das Werk „Handbuch der Baukunde", Heft I von Krüger, Posern und Dr. Hilse verwiesen. Der sehr umfangreiche, von Dr. Hilse bearbeitete Abschnitt über die Grundzüge des Baurechts ist der nachfolgenden Bearbeitung zu Grunde gelegt worden.

Das Privat-Baurecht.

„Die notwendige Voraussetzung eines jeden Rechts und Rechtsverhältnisses ist das Dasein jemandes, der in Rechtsverhältnisse zu treten und Rechte zu haben fähig ist, d. h. eines Rechts-Subjekts, welches gemeinüblich Person genannt wird. Man unterscheidet natürliche (oder physische) und juristische (oder moralische) Person."

Erstere ist jeder lebende Mensch. Juristische Personen haben keine sichtbare äußere Existenz. Ihnen ist nur aus Zweckmäßigkeitsgründen von der Gesetzgebung eine rechtliche Existenz und Persönlichkeit beigelegt worden.

a) Die natürliche Person.

„Um eine „Person" zu sein, muß der Mensch Rechtsfähigkeit und Handlungsfähigkeit in sich vereinigen."

b) Die juristische Person.

„Sie ist ein Rechtssubjekt, das nur vermöge der Rechtsidee ohne natürliche Persönlichkeit besteht." Die zur Zeit anerkannten, für das Baufach wichtigsten Arten sind:

1. Das Reich und der Staat.
2. Die Stadt- und Dorfgemeinden.

3. Provinzen, provinzialständische Verbände, Kreise.
4. Kirchen- und Schulgemeinden.
5. Aktiengesellschaften.
6. Genossenschaften (Erwerbs-Genossenschaften und Schutz-Genossenschaften).
7. Gewerkschaften.
8. Handelsgesellschaften.
9. Korporative Gesellschaften.
10. Gewerbliche Unterstützungs- und Hilfskassen.

Die eingeschriebenen Hilfskassen. Sie müssen auf freier Übereinkunft beruhen, durch die höhere Verwaltungsbehörde ihres Domizils zugelassen sein, Eintragung in das Hilfskassen-Register gefunden haben, um rechtskräftig zu sein.

Zwangskassen. Die Einführung des Krankenversicherungszwanges erfolgte, um den Arbeiter vor Not infolge unverschuldeter Krankheit zu schützen. Der Versicherungszwang erstreckt sich auf alle im Handwerk oder in sonstigen stehenden Gewerbebetrieben beschäftigten Personen, deren Arbeitsverdienst $6^2/_3$ Mk. für den Arbeitstag (40 Mk. für die Woche) nicht übersteigt, also auch auf Bauhandwerker, falls nicht etwa die Beschäftigung eine ihrer Natur nach vorübergehende ist oder durch den Arbeitsvertrag im voraus weniger als 1 Woche Dauer hat.

Je nachdem die Gründung der Kasse von der Gemeinde, dem Betriebsunternehmer, dem Bauherrn, den Innungen, den Gewerkschaften besorgt wurde, unterscheiden wir: Orts-, Betriebs-, Bau-, Innungs- und Knappschaftskassen. Für alle diejenigen, welche nicht Mitglieder einer dieser Kassen oder einer eingeschriebenen Hilfskasse sind, besteht die Gemeinde-Krankenversicherung, zu deren Eintritt die letztgenannten zwangsweise veranlaßt werden.

11. Innung von Gewerbetreibenden.

Innungen dienen zur Förderung gemeinsamer gewerblicher Interessen. Mehrere Innungen desselben Aufsichtsbezirks können sich zu einem Innungs-Ausschuß vereinigen, die Innungen mehrerer Aufsichtsbezirke können zu einem Innungs-Verbande zusammentreten.

Die Personen bei Bauausführungen.

a) Der Bauherr.

Der, auf dessen Rechnung die Bauausführung stattfindet, ist der Bauherr. Bauherr und Bauausführender sind nur dann ein und dieselbe Person, wenn jemand auf eigene Rechnung selbst baut.

Als Bauherr kann sowohl eine juristische als eine natürliche Person auftreten.

Stellvertretung. Dieselbe ist entweder eine notwendige oder eine freiwillige, erstere wiederum eine gesetzliche oder obrigkeitlich bestellte, auftretend entweder kraft des Gesetzes, bezw. zufolge eines Auftrags der Behörde.

Handlungsunfähige natürliche Personen erhalten gesetzliche Vertreter (deren leibliche Väter, eventl. bei nicht Vorhandensein derselben Vormünder oder Pfleger (Kuratoren).

Als Vertreter für juristische Personen fungiert deren gesetzlicher Vorstand.

Vollmacht. Jede handlungsfähige Person ist berechtigt, sich rechtswirksam einen Vertreter selbst zu stellen durch Vollmacht. Letztere kann eine allgemeine (Generalvollmacht) oder eine sich auf einen Einzelfall beziehende (Spezialvollmacht) sein. Bei einer Kollektiv-Vollmacht ist die Vertretung mehreren Personen mit der Wirkung übergeben, daß sie nur durch gemeinsames Handeln den Machtgeber verpflichten können.

b) Der Bauunternehmer.

Bezüglich des Baugewerbes ist jeder gesetzlich berechtigt, Bauten auszuführen, sowie gewerbsmäßig die Ausführung von Bauten und Reparaturen zu übernehmen. Im heutigen Gewerbebetriebe kann sich jeder zufolge des Wegfalls des Prüfungszwanges straffrei Bau-, Maurer-, Zimmermeister nennen. Ebenso kann jeder ohne Fachvorbildung als Geselle Arbeit suchen und nehmen. Es sind mithin nur zu unterscheiden: Arbeitgeber und Arbeitnehmer.

Die Bau-Arbeitnehmer.

Hier kann unterschieden werden:

a) Vertreter und Gehilfen bei dem Entwurf, der Beaufsichtigung und Leitung des Werks, also bei der Bauführung;

b) Gesellen, bei denen fachtechnische Kenntnisse und Fertigkeiten vorausgesetzt werden;

c) Arbeitsleute zur Verrichtung rein mechanischer Arbeiten.

Der Bau-Lehrherr.

Trotz des Wegfalls des Prüfungswesens im Baugewerbe ist das Zustandekommen von Lehrverhältnissen nicht beseitigt. Sie haben ausnahmslos vermögensrechtlichen und staatspolitischen Gesichtspunkten Rechnung zu tragen. Lehrverträge werden im allgemeinen schriftlich geschlossen.

Die Stempelpflichtigkeit.

Rechtsgeschäfte, welche in Schriftform zustande gekommen sind, unterliegen einer Abgabe (Stempel). Bei mündlichen Abmachungen ist das Geschäft abgabefrei. Schriftstücke ohne tarifmäßige Stempel verlieren nicht ihre Rechtsgültigkeit, ebensowenig wird in solchem Falle das Klagerecht geschwächt. Sie ziehen aber eine Geldstrafe nach sich, die bei Reichsstempeln den 50fachen Betrag, bei Landesstempeln meist den 4fachen Betrag des hinterzogenen Stempelbetrages ausmacht.

Bei Bemessung des Stempelbetrages sind die Stempel-Tarife für das Land, in welchem der Abschluß erfolgt, zu Grunde zu legen.

Jedes Schriftstück ist nur einmal stempelpflichtig. Wohnen die Kontrahenten an verschiedenen Orten, so gilt der Ort, an dem die letzte, zur Vollständigkeit der Urkunde erforderlich gewesene Unterschrift geleistet wird, als derjenige, an dem die Abgabe zu entrichten ist.

Zur Stempelverwendung ist jeder Beteiligte verpflichtet, wobei es gleichgültig ist, ob der Stempel von ihm oder einem anderen zu entrichten war. Daher verfällt auch jeder, nicht nur der Abgabeverpflichtete, in Stempelstrafe, welcher das stempelpflichtige Schriftstück mit unterschrieben oder dasselbe in Gebrauch genommen hat. Mit Ablauf der Frist, binnen welcher die Verwendung geschehen sollte, ist die Strafe verwirkt, selbst auch dann, wenn zwar ein Stempel verwendet, aber nicht vorschriftsmäßig kassiert wurde. Bei Verwendung eines Stempels von zu geringer Höhe wird die Strafe nur nach der Höhe des fehlenden Betrages bemessen.

Sind in einem Schriftstück mehrere selbständige Rechtsgeschäfte beurkundet, so muß der Stempel die Höhe erreichen, welche die Tarifsätze für die einzelnen Rechtsgeschäfte zusammen ausmachen.

Mit Bezug auf die Stempelhöhe für Bau-Verdingungsverträge ist nach der neuesten Gesetzgebung in Preußen folgendes festgesetzt:

Werkverdingungsverträge, inhalts deren der Übernehmer auch das Material für das übernommene Werk ganz oder teilweise anzuschaffen hat, sind, falls letzteres in der Herstellung beweglicher Sachen besteht, wie Lieferungsverträge unter Zugrundelegung des für das Werk bedungenen Gesamtpreises zu versteuern.

Handelt es sich bei dem bedungenen Werk um eine nicht bewegliche Sache, so ist der Werkverdingungsvertrag so zu versteuern, als wenn ein Lieferungsvertrag über die zu dem Werke erforderlichen, von dem Unternehmer anzuschaffenden beweglichen Gegenstände in demjenigen Zustande, in welchem sie mit dem Grund und Boden in dauernde Verbindung gebracht werden sollen, und außerdem ein Arbeitsvertrag abgeschlossen wäre. In dem Vertrage muß daher angegeben werden, wieviel von dem bedungenen Preise einerseits als Preis der erwähnten beweglichen Gegenstände in dem bezeichneten Zustande, und andererseits als Vergütung für die alsdann noch mit derselben auszuführenden Arbeit anzusehen ist. Fehlt es an einer solchen Angabe, so ist der Lieferungsstempel nach dem bedungenen Gesamtpreise zu verwenden.

Hierzu bemerkt Dr. Hilse: Was ist Rohmaterial? Sind es z. B. die fertigen Tischlerarbeiten oder die zur Herstellung verwendeten Bretter? Ist bei Maler- und Stuckarbeiten die Farbe und der Gips auszuscheiden und als Material besonders zu versteuern?

Ausführungsbestimmungen sind noch nicht erlassen; noch weniger hat die Praxis sich für eine bestimmte Auslegungsart entscheiden können. Es ist annehmbar, daß Gebäudeteile, welche vor Einfügen in den Bau ein selbständiges Ganzes bilden, wie Schlösser, Thüren, Fenster, mit dem Werte der fertigen Stücke als Material einzusetzen sind, während bei Fußböden, Öfen u. s. w. nur der Wert der behobelten Bretter oder Kacheln dem Materialstempel unterliegt. Es ist aber die ganze Vertragssumme mit dem Materialstempel zu versteuern, wenn die Sonderung ihrer beiden Bestandteile nach Arbeits- und Materialwert unterblieben war.

Beschränkung der Baufreiheit.

Die Baufreiheit.

a) Begriff. Das Recht zu bauen ist frei und unbeschränkt bis an seine natürlichen Grenzen und die schuldigen Rücksichten auf die Freiheit der Nebenmenschen. Es findet dann noch die Baufreiheit ihre Grenzen in der Kollision mit:

1. den öffentlichen Interessen,
2. den Sonderberechtigungen Dritter, vornehmlich der Nachbarn.

Hierauf bezieht sich das Baurecht im engeren Sinne.

Die baurechtlichen Beschränkungen der Baufreiheit können sich beziehen

1. auf allgemein gesetzliche Titel,
2. auf erworbene Privatrechtstitel.

Letztere, weil sie sich durch Übereinkunft abändern lassen, können durch Verjährung, Entsagung, Verzicht oder Vertrag fortfallen. Bei ersteren kann dies nur soweit der Fall sein, als nicht etwa ein öffentliches Interesse für ihre Satzung maßgebend war.

Bauen auf fremdem Boden, selbst wenn das Bauwerk auch nur teilweise den fremden Boden deckt, ist an sich verboten, kann aber im Einvernehmen des Eigentümers stattfinden. Hierbei muß eine urkundlich zustande gebrachte Einwilligungserklärung vorliegen, wenn daraus Eintragungen im Grundbuche stattfinden sollen.

Wird bei dem auf eigenem Grundstück aufgeführten Neubau die nachbarliche Grenze überschritten, so handelt es sich um einen Überbau. Während der Umfang, in welchem die Grenzüberschreitung geschehen ist, gleichgültig ist, sind mit Bezug auf die rechtlichen Folgen zu unterscheiden: ob die Grenzüberschreitung „vorsätzlich" oder durch „grobes Versehen, geringeres oder mäßiges Versehen" oder endlich durch „Zufall" geschehen ist. Im ersteren Falle liegt dem Bauenden die doppelte Pflicht ob, das Bauwerk auf eigene Kosten bis innerhalb seiner Grenze einzuziehen, sowie dem Nachbar Schadenersatz zu leisten. Im zweiten Falle ist zu unterscheiden, ob dem Nachbar vor Beginn des Baues von der beabsichtigten Bauaufführung dergestalt Anzeige gemacht war, daß er erkennen konnte, daß auf seinem Grunde gebaut werden würde, oder ob solches unterlassen war. Wird Anzeige erstattet, so muß seitens des Nachbarn Widerspruch erhoben werden. Geschieht dieses nicht, so steht dem

Nachbar nicht das Recht zu, das Einziehen das Bauwerks zu beanspruchen; er muß vielmehr die beanspruchte Grundfläche gegen billige Taxe abtreten.

Ist keine Anzeige erstattet oder hat der Nachbar Widerspruch erklärt, so bleibt die Pflicht des Bauenden zum Einziehen des Bauwerks auf die eigene Gefahr bestehen.

Reichen neu aufgeführte Bauwerke durch Vorsprünge, wie Altane, Erker in die Luftsphäre eines anderen Grundstücks, so handelt es sich um einen Vorbau. Im Landrechtsgebiete ist der Nachbar nicht verpflichtet, die Anlegung neuer Erker, Altane, Wetterdächer, Dachtraufen, Dachgesimse 2c. zu dulden.

Über die Grenze ragende Bauteile sind indes nur dem Untersagungsrecht des Nachbarn unterworfen, wenn ihre erste Errichtung stattfindet, vorhandene Bauteile dieser Art dürfen umgestaltet werden (z. B. Erker in Altane und umgekehrt).

Unter Erker versteht man einen turmartigen Ausbau in den oberen Stockwerken, welcher ringsum geschlossen und mit Fenstern versehen ist. Unter Altan ist ein mehr oder weniger offener Teil eines Gebäudes zu verstehen, auf welchen man von den oberen Stockwerken aus unmittelbar ins Freie gelangen kann. Balkon ist ein ganz frei auf Konsolen ruhender Ausbau.

Es kann auf Beseitigung aller Vorbauten der in Rede stehenden Art im ordentlichen Rechtsverfahren geklagt werden. Aus gleichen Gründen brauchen, falls die Hausmauer hart an des Nachbars Grenze steht, nach außen aufschlagende Fenster oder Thüren nicht geduldet werden, weil die Fenster- und Thürflügel wenigstens teilweise in die nachbarliche Luftsphäre hineinragen. Hierbei wird aber in Betracht kommen, ob eine wirklich lästige und nachteilige Hervorragung vorhanden ist. Beispielsweise werden Anker, die nur wenige Centimeter über die Grenze hinausragen, nicht von diesem Gebote berührt.

„Das thatsächliche Vorhandensein von Vorbauten begründet die Vermutung ihrer Rechtmäßigkeit. Daraus folgt, daß bei Umbauten der Nachbar, welcher ihrer Wiedererrichtung widersprechen will, die Beweislast des ihm zustehenden Einspruchsrechts hat, so daß von dem Vorbaubesitzer der Beweis für seine Berechtigung nicht gefordert werden darf."

Die Beschränkungen können sowohl im Interesse einzelner, als auch mit Rücksicht auf das Gemeinwohl getroffen werden. Sie können sich äußern in Verboten oder Geboten, also durch Verhinderung oder Erzwingen gewisser Ausführungen.

Die Bauflucht. Bauerrichtungen dürfen niemals zum Schaden des Gemeinwesens oder zur Verunstaltung von Straßen und Plätzen gereichen. Staatlicherseits werden deshalb Baufluchtlinien aufgestellt, mit Bezug auf welche Bauten weder vor- noch zurückspringen dürfen.

Beschränkung bei gewerblichen Anlagen. Gewerbliche Anlagen bedürfen einer besonderen Genehmigung, weil sie durch ihren Zweck leichter als andere gemeingefährlich werden können, wenngleich dies nicht bei allen gewerblichen Anlagen zutrifft. Der Genehmigung muß ein Erörterungsverfahren voraufgehen, wodurch die etwaigen Einwendungen gegen die Ausführung ermittelt werden. Sie können entweder privat-rechtlicher oder öffentlich-rechtlicher Natur sein. Ein Klagerecht wegen der Versagung der Genehmigung besteht nicht. Ein solches ist aber wegen Entziehung einer genehmigten Anlage aus Gründen des öffentlichen Wohls gegen denjenigen zulässig, zu dessen Gunsten die Entziehung ausgesprochen wird. Dasselbe geht inhaltlich auf Schadenersatz.

Nachbarrechte.

Einschränkungen der Baufreiheit zum Besten der Nachbarn heißen Nachbarrechte. Sie können durch ausdrückliche oder stillschweigende Willenserklärung, Verjährung und Vereinigung (Konfusion) erlöschen. Die Nachbarrechte sind durch sofort anzubringenden Widerspruch gegen die Ausführung auszuüben, nachdem der berechtigte Nachbar Kenntnis von der Verletzung seiner Rechte empfangen hat. Verspäteter Widerspruch bewirkt nicht unbedingt den Untergang des Rechts. Ist der Bau bereits vollendet, so hat der zum Widerspruch Berechtigte nur einen Entschädigungsanspruch. Ist der Bau erst in der Vollendung begriffen, so kann die Wiederherstellung des früheren Zustandes gefordert werden. Es müssen aber die Aufwendungen erstattet werden, die bei rechtzeitigem Widerspruch zu vermeiden gewesen wären.

Aussicht-, Luft- und Lichtrecht.

Das Recht auf Aussicht bezieht sich lediglich auf die Befugnis, sich nach dem nachbarlichen Grundstück hin und über dasselbe hinweg Aussicht zu verschaffen. Eine Behinderung von Aussichtspunkten nach des Nachbars Grundstück hin ist nicht vorhanden, es müssen aber die die Aussicht bietenden Baulichkeiten so weit von der Grenze entfernt aufgeführt werden, daß Wandöffnungen nach dem Nachbar hin angelegt werden dürfen. Sogenannte schwebende Dächer können selbst auf Gebäuden angelegt werden, welche dicht an der nachbarlichen Grenze aufgeführt werden. — Dieses Recht auf Aussicht hat aber keinen gesetzlichen Schutz, mithin kann auch der Nachbar jederzeit durch Aufführung von Baulichkeiten eine bestehende Aussicht abschneiden, wobei ein Widerspruchsrecht durch Verjährung nicht vorhanden ist. Letzteres könnte nur auf Grund etwa voraufgegangener Privatrechtsgeschäfte erhoben werden.

Das Recht auf Licht und Luft.

Nach heutigem Recht kann im allgemeinen jeder nach der nachbarlichen Seite zur Erlangung von Luft und Licht Öffnungen anlegen. Es dürfen aber dem Nachbar hierdurch keine Nachteile erwachsen, insbesondere muß verhindert werden, daß aus diesen Öffnungen etwas auf das Nachbargrundstück gegossen oder geworfen werde oder daß man vermittels dieser Öffnungen auf dasselbe gelange.

Steht die betreffende Mauer unmittelbar an der nachbarlichen Grenze, so sind die Öffnungen überall mit eisernen, höchstens 2 Zoll entfernten Stäben zu versehen oder es werden letztere (im Landrechtsgebiete) durch Drahtgitter ersetzt. Die Öffnungen dürfen ferner in bestimmter Höhe, im Landrechtsgebiete 6 Fuß vom Fußboden, angelegt werden. Unter besonderen Umständen, falls die betreffenden Räume bei solcher Anordnung als Wohn- oder Arbeitsstuben nicht mehr benutzbar sind, kann auf Grund einer Erklärung von Sachverständigen das angegebene Höhenmaß verringert werden.

Ist zwischen Grenze und Mauer ein dem Eigentümer der letzteren gehöriger freier Raum, so finden die obigen Bestimmungen keine Anwendung mehr. In der Rechtsprechung ist verschiedenfach eine Entfernung von 1½ Fuß von der Nachbargrenze gefordert. Erwähnt muß noch werden, daß durch Rücksichten auf die öffentliche Sicherheit der Fensterausbruch überhaupt versagt oder ein mindestens 17 Fuß großer Raum bis zur nachbarlichen Grenze verlangt werden kann.

Niemand darf in seinem Gebiete aus dem Grunde im Bauen behindert werden, weil hierdurch des Nachbars Grundstück verdunkelt wird. Es kann aber eine Ausnahme zu gunsten bestehender Fenster stattfinden. Im Landrechtsgebiete wird es darauf ankommen, ob die Fenster bereits 10 Jahre oder länger bestanden haben, denn in solchem Falle wird der Nachbar gesetzlich zu einem Zurückbleiben verpflichtet und zwar in einer derartigen Entfernung, daß der Himmel aus dem ungeöffneten Fenster des unteren Stockwerks gesehen werden kann, falls dem fraglichen Raum nur von daher Luft zugeführt werden kann. Erhält der Raum noch von einer anderen Seite Luft, dann bezieht sich diese Bestimmung auf das zweite Stockwerk. Bei kürzerer Dauer muß eine Entfernung von 3 Werkschuhen innegehalten werden. Bloße Licht- und Luftöffnungen ist vorbaubar.

Der Lichtschutz ist auf alle Fenster, also auch auf Bodenkammern, Flur- und Treppenhausfenster anwendbar. Gültig ist dies auch bei Gebäudeerhöhungen oder Aufsetzen eines neuen Stockwerks.

Zugangsrecht.

Die Erlaubnis, fremde Grundstücke zu betreten, kann seitens des Besitzers erteilt werden. Gegen die Anlage von Thüren, welche direkt auf nachbarliches Gebiet führen, kann erfolgreicher Widerstand erhoben werden. Ist zwar ein Zwischenraum vorhanden, aber keine Grenzscheidung, so ist eine Thüranlage nach dem Nachbar hin gleichfalls unstatthaft. Der Nachbar ist zur Herstellung der Grenzscheide nicht verpflichtet. Ist zwischen zwei Grundstücken ein gemeinschaftlicher Zwischenraum vorhanden, so ist die Anlage von Thüren beiderseits gestattet.

An Stelle vorhandener Thüren können beim Wiederaufbau wieder neue angelegt werden, selbst wenn z. B. statt einer Scheune ein Wohnhaus erbaut wird.

Das Recht des Zwischenraumes.

Wenngleich enge Zwischenräume zwischen Gebäuden in gesundheitlicher Beziehung zu verwerfen sind, so ist doch im Landrechtsgebiet der Grundeigentümer gesetzlich angehalten, 3 Fuß von nachbarlichen Gebäuden und $1\frac{1}{2}$ Fuß bei Errichtung neuer Gebäude von der Grenze entfernt zu bleiben.

Dieses Zwischenraumrecht kann durch Polizeigesetze (auch rechtsgültig erlassene ortsbaupolizeiliche Vorschriften) beseitigt werden.

Man ist dadurch zu folgenden Grundsätzen gelangt:

1. der Bauende darf mit neuen Gebäuden bis hart an die Grenze vorgehen, wenn das in der Nähe der Grenze stehende ältere Gebäude des Nachbars mindestens 3 Fuß von der Grenze entfernt ist;

2. er muß aber unter allen Umständen von dem Gebäude des Nachbars, mag dies nur $1^1/_2$ Fuß oder weniger Fuß von der Grenze entfernt stehen, mindestens 3 Fuß von der Grenze entfernt bleiben, während:

3. er von einem Platze des Nachbars, auf welchem ein Gebäude stehen kann, aber noch nicht errichtet ist, $1^1/_2$ Fuß entfernt bleiben muß.

Hat der Bauende die innezuhaltende Entfernung überschritten und hat der Nachbar nicht widersprochen, so ist ein durch stillschweigende Einwilligung erklärter Verzicht anzunehmen, das Widerspruchsrecht auszuüben, wodurch letzteres erloschen ist.

In jedem Falle ist dem Bauenden anzuraten, die Baulinie erforderlichen Falles im Rechtswege feststellen zu lassen, da bei Überschreitung der gesetzlichen Baulinie auf erhobenen rechtzeitigen Widerspruch bei Beginn des Baues eine Zurückziehung des Gebäudes bis hinter oder auf die Baulinie verlangt werden kann.

Gemeinschaftliche Mauer.

Eine gemeinschaftliche Mauer ist auf der Grenze erbaut und gehört entweder zum Teil oder in ihrer ganzen Länge beiden Nachbarn.

Die Nichtgemeinschaftlichkeit wird konstatiert:

1. Wenn das obere Ende einer Mauer auf einer Seite gerade und senkrecht mit der Außenseite ist und auf der anderen Seite eine schiefe Fläche gebildet ist. 2. Wenn sich nur auf der einen Seite eine schräge Abdeckung, ein Gesims oder Kragsteine befinden, die bei Aufführung der Mauer daselbst angebracht wurden.

Ist die Mauerabdeckung satteldachartig, ist also nach beiden Seiten hin ein Tropfenfall vorhanden, so weist dieser Umstand die Gemeinschaftlichkeit der Mauer nach. Nimmt dagegen ein Grundstück das ganze, von der Abdeckung abfließende Wasser auf, so ist der Besitzer dieses Grundstücks auch der Besitzer der Mauer.

Hat bei einer gemeinschaftlichen Mauer ein Miteigentümer den Wunsch, dieselbe zu verstärken, so kann die Verstärkung auf seine Kosten und auf seinem Besitz ausgeführt werden. Etwaige dem Nachbar erwachsende Nachteile müssen entschädigt werden.

In einer gemeinschaftlichen Mauer dürfen keine Öffnungen, nicht einmal zu öffnende Fenster ohne Einwilligung des Nachbarn angelegt werden. Ausbesserungen und Wiederaufbau liegt denen ob, welchen ein Recht daran zusteht und zwar im Verhältnis des Rechts eines jeden. Es steht jedoch dem Mitbesitzer frei, sich von der Verpflichtung der Unterhaltung, bezw. Wiederaufbau dadurch zu befreien, daß er sein Eigentumsrecht an der Mauer und des bebauten Grund und Bodens dem Mitbesitzer abtritt.

Grenzscheidungen.

Es werden unterschieden: gepflanzte Grenzscheidungen (wie Hecken) und errichtete (Zäune, Planken, Stakete, Mauern, freistehende oder Außenmauern von Gebäuden).

Die Einfriedigung und Trennung der Grundstücke durch Scheidungen, sofern diese weder die Grenze überschreiten, noch den Gebrauch des Eigentums behindern oder erschweren, steht jedem frei. Andererseits ist niemand verpflichtet, falls er nicht etwa eine bestehende Scheidung beseitigt hat, im Interesse seines Nachbarn eine neue Scheidung zu errichten. Vorhandene Scheidungen müssen vom Eigentümer unterhalten werden. Bei Scheidungen zwischen 2 Grundstücken hat jeder die rechts vom Eingang liegende Scheidung und beide haben gemeinsam den Rückzaun zu unterhalten. Im Landrechtsgebiet wird der als Eigentümer angesehen, auf dessen Grunde Stiele, Pfosten oder Ständer stehen oder auf dessen Seite sich Mauerverbindungen oder Blenden befinden.

Die Art und Weise der Scheidung bleibt dem Hersteller überlassen. Er kann also auch z. B. eine Mauer durch einen Zaun ersetzen. Auch die Höhe ist unbeschränkt. Nur bei Grundstücken zwischen Höfen muß eine Höhe von mindestens 6 Fuß und zwischen Gärten eine solche von 5 Fuß innegehalten werden.

Brunnen.

Nach preußischem Gesetz muß man bei Anlage neuer Brunnen 3 Fuß von der Nachbarsgrenze entfernt bleiben.

Schädliche Anlagen.

Nach heutigem Recht kann im allgemeinen jeder auf seinem Grundstück eine Kloake, einen Abtritt und eine Dunggrube anlegen, sofern der Nachbar hierdurch keinen Schaden erleidet oder erleiden kann.

Nach dem allgemeinen Landrecht müssen alle den Gebäuden schädlichen Anlagen 3 Fuß von den Gebäuden oder Bäumen des Nachbars entfernt und von Grund auf aufgemauert sein.

Den schädlichen Anlagen sind außer den Schweineställen, Kloaken, Dünger- und Lohgruben alle verdeckten Kanäle zur Abführung von Unreinlichkeiten hinzu zunehmen, wobei es gleichgültig ist, ob diese einen dauernden oder nur vorübergehenden Bestand haben sollen. Es handelt sich hierbei aber nur um werdende Anlagen, vorhandene können wieder angelegt werden. Falls der Nachbar, dem die Anlagen störend sind, bauen will, muß er zurücktreten.

An gemeinsamer Mauer können beide Nachbarn derartige Anlagen ausführen. Trotz etwaiger Verzichtleistung des Nachbarn kann die Polizei eine schädliche Anlage verhindern. Eine Klage auf Beseitung der Anlage kann aber nur gegen den derzeitigen Besitzer gerichtet werden.

Traufrecht und Recht des Ausgusses.

1. Traufrecht besteht in der Befugnis, das von der Dachfläche abfließende Wasser unmittelbar und auf natürlichem Wege auf das nachbarliche Grundstück gelangen zu lassen. Dieses Recht zur Dachtraufe muß besonders erworben sein. Durch sein Bestehen wird jedoch der Besitzer des belasteten Grundstückes keineswegs daran gehindert, beliebige Anordnungen zu treffen, welche dem ferneren Lauf des Wassers Einhalt thun, falls nicht ein besonderes, hierauf bezügliches Untersagungsrecht besteht. Selbst, wenn solches der Fall ist, kann er die Fläche, wohin der Abfall erfolgt, bebauen. Es müssen seinerseits jedoch Vorkehrungen getroffen werden, die ein Abfallen der Tropfen ermöglichen, er muß also, wie der gesetzliche Ausdruck besagt, „die Traufe unter sein Dach aufnehmen“.

Der Bau unter der Traufe bewirkt deshalb auch keine Aufhebung des Traufrechts. Seitens des Traufberechtigten dürfen ohne Erlaubnis des Verpflichteten keine solche Bauveränderungen vorgenommen werden, welche das Zuführen einer größeren Wassermenge zur Folge haben können. Es darf also keine Erhöhung oder Erniedrigung des Gebäudes stattfinden, es darf dem Dache keine größere Ausdehnung gegeben werden, auch der Dachvorsprung darf nicht weiter als bisher in den Luftraum des nachbarlichen Grundstückes hinreichen.

2. Das Recht des Ausgusses ist die Befugnis, das durch Naturereignisse gesammelte Wasser auf des Nachbars Grundstück zu leiten. (Hierzu auch gehörig das Wasser, vom Betriebe der

Hauswirtschaft oder eines Gewerbes herrührend.) Die Überleitung nach dem Nachbargrundstück wird durch eine Dachrinne, einen Kanal oder sonstige Vorrichtungen künstlich bewerkstelligt. Das Ausgußrecht schließt noch keineswegs das Recht in sich, das Wasser in Tropfenform auf das benachbarte Grundstück fallen zu lassen.

Kanäle zur Abführung von Flüssigkeiten müssen bedeckt und mit eisernem Gitter versehen sein.

Gesetzlich ist zunächst jeder Eigentümer verpflichtet, das sich auf seinem Besitz ansammelnde Wasser vom Grundstück des Nachbarn abzuhalten, während die Überleitung nach dem Nachbargrundstück erst nach Erwerb der besonderen Grundgerechtigkeit des Ausgusses möglich werden kann. Diese Rechte beziehen sich nur auf zwei aneinander grenzende Grundstücke, nicht etwa auf Wasserleitungen, die das Wasser eines größeren Komplexes oder einer ganzen Ortschaft fortbewegen sollen.

Das Ausgußrecht umfaßt ferner nicht ohne weiteres die Befugnis, unreines Wasser durch das benachbarte Grundstück abzuleiten.

Das Balkenlagsrecht bezieht sich auf die Befugnis, auf der Mauer eines anderen zu bauen oder diese als balkentragende Wand zu benutzen. Hierbei ist der Besitzer des dienenden Grundstücks verpflichtet, das die Last tragende Bauwerk tragfähig zu erhalten. Während der Reparatur ist er nicht verpflichtet, das lastende Gebäude zu stützen.

Das Balkenlagsrecht ist nicht als erloschen zu betrachten, wenn die Balken schadhaft oder unbrauchbar geworden sind. Letztere können vielmehr im bisherigen Umfange ergänzt werden.

Die Rechtsgeschäfte bei Bauausführungen.

Es ist zu unterscheiden:

a) Materialbezug; b) Gewinnung von Hilfskräften; c) Bauausführung.

a) Materialbezug.

Derselbe findet statt in Formen des Kaufs- und Lieferungsgeschäftes oder der Werkverdingung.

Der Kauf. Ob das Geschäft nach Handelsrecht oder nach

Landesrechten abgeschlossen wird, ist davon abhängig, ob bei einem Kaufmann oder bei einem Nichtkaufmann gekauft wird. Im ersteren Falle genügt die mündliche Form, im anderen Falle ist für die Klagbarkeit bei Käufen von 150 Mk. und darüber die Schriftform unerläßlich, falls nicht etwa durch sofortige Übergabe der Kauf erfüllt wird. Übergabe und Zahlungsfristen, falls nicht sofort bezahlt wird, sind festzustellen. Eine Berechtigung zur Ablehnung mangelhafter Ware erlöscht nach 6 Monaten. Nach den Landesrechten kann wegen Mangel der Ware die Wandlungsklage (Rücknahme der Ware und Rückzahlung des Betrages) oder die Minderungsklage (Herabsetzung des Preises) angestrengt werden. Nach Verlauf der gegebenen kurzen Fristen erlöscht das Klagerecht.

Als Mangel ist jede Abweichung von der nach dem Wesen des Geschäfts vorausgesetzten Beschaffenheit der Sache, soweit hierdurch deren Wert aufgehoben oder beeinträchtigt wird, anzusehen.

Kauf auf Wiederverkauf wird bei Veräußerungen zum Zwecke, den Gläubigern die Gegenstände ihrer Befriedigung zu entziehen, häufig benutzt. Hierbei verpflichtet sich der Käufer, dem Verkäufer, falls derselbe dieses verlangt, jederzeit oder innerhalb einer festgestellten Zeit, die Ware für denselben oder einen anderen festgesetzten Preis wieder abzutreten.

Kauf auf Probe giebt dem Käufer Gelegenheit, den Gegenstand auf seine Annehmbarkeit zu prüfen. Das Verfahren sichert ihm das Recht der Rückgabe der Ware in bestimmter oder gesetzlicher Frist.

Kauf nach Probe berechtigt zur Ablehnung selbst einer an sich tadellosen Ware, falls die Lieferung den eingereichten Proben oder Mustern nicht entspricht.

Grundstückkauf. Durch denselben wird zwischen den Beteiligten nur ein persönliches Recht auf Übereignung, bezw. Übernahme hergestellt. Durch einen solchen Kauf wird die Grundstücksauflassung an einen Dritten nicht behindert. Es bleibt dem ersten Käufer höchstens ein Klagerecht auf Schadenersatz gegen den Verkäufer offen. Nachteilig ist dem dritten Käufer ein solcher Kauf nur dann, wenn ihm der Verkauf an den ersten Käufer bekannt war. Zur Sicherung seiner Rechte muß man sich also gleichzeitig in beglaubigter Form eine Vermerkung auf Auflassung ausstellen lassen.

Lieferungsvertrag. Derselbe wird fast ausnahmslos in den Formen des Handelsgesetzbuches vollzogen. Klagen wegen Mängel gegen den Lieferanten verjähren in 6 Monaten. Mängel beziehen sich nur auf die Qualität, nicht auf die Quantität (also z. B. auf ungesundes Bauholz, mangelhaft gebrannte Mauersteine ꝛc.) Die Kosten des Messens und Wägens bezüglich der Übergabe fallen dem Verkäufer, diejenigen der Übernahme, falls keine anderen Vereinbarungen getroffen worden sind, dem Käufer zur Last.

III. Das Baupolizeirecht.

Der Staat ist befugt, die Baufreiheit des einzelnen, soweit diese zum öffentlichen Wohl gereichen kann, zu beschränken. Er hat daher darauf zu achten, daß Bauwerke nicht die öffentliche Ordnung, Sicherheit und Gesundheit gefährden. Die Interessen des Einzelnen müssen hierbei dem Gemeinwohl nachstehen.

Das Baupolizeirecht giebt an, unter welchen Umständen und bis zu welcher Grenze bei Bauausführungen ein Eingriff der Polizei zuläßig oder geboten ist.

Strafrechtliche Verantwortlichkeit.

Wer durch Fahrlässigkeit die Körperverletzung oder den Tod eines Menschen verursacht, erhält eine höhere Strafe, wenn er die Vorsichtsmaßregeln nicht beachtete, die er zufolge seines Berufes oder Gewerbes zu beachten besonders verpflichtet war. Die Strafe kann bis auf 3 bezw. 5 Jahre Gefängnis erhöht werden und es kann auf dieselbe nicht verzichtet werden, weil die Verfolgung von Amtswegen eintritt. Bei Körperverletzungen kann außerdem auf eine an den Beschädigten zu zahlende Buße erkannt werden.

Verstoß gegen die Regeln der Technik.

Wer bei Leitung oder Ausführung eines Gebäudes gegen die allgemein bekannten Regeln der Baukunst handelt, so daß hieraus Gefahr für andere entsteht, indem Tötung oder Körperverletzung eintritt, wird mit Geldstrafe bis zu 900 Mk. oder mit Gefängnis bis zu einem Jahre bestraft.

Sachbeschädigung.

Wer vorsätzlich oder rechtswidrig eine fremde Sache beschädigt oder zerstört, bezw. ein Gebäude ganz oder teilweise zerstört, wird im ersteren Falle mit Geldstrafe bis zu 900 Mk. oder mit Gefängnis bis zu 2 Jahren, im anderen Falle mit Gefängnis nicht unter

1 Monat bestraft. Solche Sachbeschädigungen können z. B. dann eintreten, wenn der Bauausführende das Stützen und Unterfahren der Nachbargebäude unterläßt.

Störung der öffentlichen Ordnung. Die Übertretung der öffentlichen Ordnung, wie solche bei Errichtung von Gebäuden mehrfach vorkommen, werden mit höheren oder niederen Geldstrafen (im Unvermögensfalle mit Haft) bestraft. Für die Aufrechterhaltung der Sicherungsmaßregeln sind sowohl Bauherr als deren Baumeister und Bauhandwerksleute strafrechtlich verantwortlich.

Bauerlaubnis.

Zur Aufführung von Bauten (Neubauten und Umbauten) wird seitens der Bauordnungen eine polizeiliche Genehmigung gefordert, denn nur dann ist die Polizei in der Lage, Gefahren und Nachteile aus Bauwerken vorbeugend abzuwenden.

Die Bauerlaubnis wird entweder durch die Ortspolizeibehörde oder durch die Kreis- oder Bezirksbehörden erteilt. Die Erteilung ist entweder eine bedingte oder bedingungslose oder sie kann gänzlich versagt werden. Mit Bezug auf die Genehmigung kommen nur Rücksichten des Verkehrs, der Konstruktionssicherheit, der Feuersicherheit, der Gesundheit, der allgemeinen Ordnung, sowie der Schönheit in Betracht. Rechte dritter Personen sind bezüglich der Genehmigung einflußlos.

Für Nachsuchung und Genehmigung ist mit wenigen Ausnahmen (kleineren Bau-Umgestaltungen) die schriftliche Form vorgeschrieben.

Das Gesuch muß der Ortspolizeibehörde eingereicht werden. Zu demselben gehören die Zeichnungen, sowie, wenn erforderlich, statische Berechnungen und Erläuterungsbericht. Die Anlagen müssen in 2 Exemplaren beigefügt werden. Das eine bleibt bei den Akten der Behörde, das andere wird mit der Genehmigungserklärung (dem Bauerlaubnisschein, Baukonsens) zurückgegeben.

Formelle Beschaffenheit von Baupolizei-Zeichnungen. Den Baugesuchen ist hinzufügen:

a) Ein Lageplan (Situationsplan) über den Bauplatz und seine Umgebung. Derselbe muß enthalten: die Bezeichnung des Grundstücks im Grundbuch, die Grenzen des Grundstücks, festgestellte Baulinien, die bis auf 20 m Entfernung umliegenden Bauten mit

Angabe ihrer Bestimmung, Höhe, Bauart und Eigentümer, anstoßende Straßen, Wege, Wasserläufe und Entwässerungen nach Richtung und Gefällen.

Maßstab für Lagepläne 1 : 500, die Nivellementspläne sind in der Länge nach demselben, in der Höhe nach dem 5fachen Maßstabe (1 : 100) aufzutragen.

b) Stockwerksgrundrisse mit Angabe der Feuerungsanlagen, der lichten Schornsteinweiten und Querschnittsform der Schornsteine. Bestimmung der einzelnen Räume, Zeichnung der Straßenansicht und mindestens ein Höhendurchschnitt, Angabe der Mauerstärken, Brandmauern u. s. w. (Das vorhandene Terrain, Normalhöhe der Straße, Grundwasserstände müssen ersichtlich sein.)

Maßstab für die Bauzeichnungen 1 : 100.

c) Pläne über unterirdische Entwässerung, auch mit den vorgenannten Zeichnungen zu verbinden (Maßstab 1 : 100), enthaltend alle projektierte Leitungen mit allem Zubehör.

d) Detailzeichnungen, insbesondere über Vorbauten in das öffentliche Eigentum, Entwässerungsvorkehrungen, Eisenkonstruktionen, ungewöhnliche Baugegenstände, einschließlich erläuternder Beschreibung und statischer Berechnung.

Bei einfachen Bauten, namentlich bei solchen auf dem Lande und in abgesonderter Lage werden weniger eingehende Zeichnungen verlangt.

Für Umbauten ist eine Zeichnung des betreffenden Bauteiles in seiner bestehenden und beabsichtigten Gestaltung zu fertigen und diese durch Farben zu unterscheiden.

Alle hauptsächlichsten Abmessungen sind in allen Zeichnungen einzuschreiben. Ferner sind Maßstäbe anzugeben und bestehende und beabsichtigte Baulichkeiten durch Farben zu unterscheiden.

Der Lageplan muß durch einen staatlich anerkannten Feldmesser oder Baubeamten angefertigt, unterschrieben oder wenigstens beglaubigt sein. (Abdruck von amtlichen Karten, falls solche in entsprechendem Maßstabe und auf den neuesten Stand richtig gestellt, vorhanden sind, genügt.)

Die Zeichnungen sind von den beteiligten Personen (Bauherr und Bauausführender) zu unterschreiben. Sie sind für die Richtigkeit und Vollständigkeit der Zeichnungen (Maße, Übereinstimmung der Doppelexemplare) verantwortlich.

Für Staats- und Kommunalbauten sind die Bestimmungen gleichfalls maßgebend, doch haben die betreffenden Behörden der Baupolizei die Pläne in nur je 1 Exemplar vorzulegen und zwar zur Äußerung darüber, ob gegen Fluchtlinien, Höhenlage oder sonst wie polizeilich etwas zu erinnern ist. Etwaige Bedenken sind vor der Bauausführung zu erledigen.

Die aus der Genehmigung entstehenden Befugnisse können, weil sie persönlicher Natur sind, ohne oder gegen den Willen der Behörde nicht übertragen werden.

Genehmigung gewerblicher Anlagen.

Die einzuholende Genehmigung zur Errichtung oder Veränderung gewerblicher Anlagen ist eine von der allgemeinen Bauerlaubnis abweichende, da die Lage und die Art der Betriebsstätte für die Umwohnenden und die Besitzer benachbarter Grundstücke und Gebäude unter Umständen erhebliche Nachteile, Gefahren oder Belästigungen herbeiführen können.

Es sind zu unterscheiden:

1. Konzessionspflichtige Anlagen nach der Reichsgesetzgebung.

Hierzu gehören: Schießpulverfabriken, Anlage zur Feuerwerkerei und zur Bereitung von Zündstoffen aller Art, Gasbereitungs- und Gasbewahrungsanstalten, Anstalten zur Destillation von Erdöl, Anlagen zur Bereitung von Braunkohlenteer, Steinkohlenteer und Coaks, sofern sie außerhalb der Gewinnungsorte des Materials errichtet werden, Glas- und Rußhütten, Kalk-, Ziegel- und Gypsöfen, Anlagen zur Gewinnung roher Metalle, Röstöfen, Metallgießereien, falls sie nicht nur Tiegelgießereien sind, Hammerwerke, chemische Fabriken aller Art, Schnellbleichen, Firnissiedereien, Stärkefabriken (mit Ausnahme der Fabriken zur Bereitung von Kartoffelstärke), Stärkesyrupfabriken, Wachstuch-, Darmseiten-, Dachpappen- und Dachfilzfabriken, Leim-, Thran- und Seifensiedereien, Knochenbrennereien, Knochendarren, Knochenschmelzen, Schlächtereien, Gerbereien, Abdeckereien, Poudretten- und Düngpulverfabriken, Stauanlagen für Wassertriebwerke, Hopfenschwefeldarren, Asphaltkochereien und Pechsiedereien, soweit sie außerhalb der Gewinnungsorte des Materials errichtet werden, Strohpapierstoffabriken, Darmzubereitungsanstalten, Fabriken, in welchen Dampfkessel oder andere Blechgefäße durch Vernieten hergestellt werden, Kalifabriken und Anstalten zum Imprägnieren von Holz mit erhitzten Teerölen, Kunstwollefabriken, Anstalten zur Herstellung von Celluloid und Degrasfabriken, Dampfkesselanlagen.

Für diese Anlagen sind die bau-, feuer- und gesundheitspolizeilichen Vorschriften zu beachten. Seitens der Behörde findet darüber Erhebung statt, ob die Anlage erhebliche Nachteile, Gefahren oder Belästigungen für das Publikum im Gefolge haben könne, ferner auch darüber, ob die darin zu beschäftigenden Arbeiter auch genügend gegen Gefahr für Gesundheit und Leben geschützt sein würden.

Der Prüfung geht eine Aufforderung, binnen 14 Tagen etwaige Einwendungen gegen die beabsichtigte Anlage vorzubringen, voraus. (Einreden, beruhend auf privatrechtlichen Titeln bleiben unberücksichtigt.) Der Bescheid ist schriftlich zu erteilen und Gründe hierbei anzugeben, da gegen denselben jedem Beteiligten das Recht zusteht, Rekurs einzulegen. (Anrufung einer höheren Behörde.) Zur Rechtfertigung ist eine 14tägige Präklusivfrist gegeben.

Die erteilte Genehmigung kann durch Untersagen der gewerblichen Anlage *jederzeit* aufgehoben werden, falls sich erweist, daß durch dieselbe überwiegende Gefahren und Nachteile für das Gemeinwohl entstehen. Dem Besitzer muß in solchem Falle erweislicher Schadenersatz geleistet werden, falls nicht etwa bei der Erteilung der Genehmigung vorbehalten war, dieselbe ohne Entschädigung zu widerrufen.

2. *Anlagen, die einer landesgesetzlichen Genehmigung bedürfen.*

Das Verzeichnis der genehmigungspflichtigen Anlagen, aufgestellt im § 16 der Gewerbeordnung und in den Ergänzungsgesetzen, enthalten sämtliche Anlagen, welche das Gesetz treffen will. Aus Gesundheits- oder anderen polizeilichen Rücksichten kann *jeder* gewerblichen Anlage Beschränkungen auferlegt werden. Solche beziehen sich vielfach auf die *Niederlagen feuergefährlicher Gegenstände*, z. B. leicht entzündlicher oder explodierender Stoffe und Präparate von Mineralölen, Nitroglycerin, von Schießpulver und ähnlichen Präparaten, Lagerung von Holzmengen und Fellen, Errichtung von Tischlerwerkstätten, Schwefelkammern, Brennereien, Brauereien. Vor Beginn der Anlage hat man sich also darüber Auskunft zu verschaffen, ob und welche Beschränkungen landesgesetzlich darüber erlassen sind.

Besondere Genehmigungen.

Einer besonderen Genehmigung bedürfen, eventl. besonderen Beschränkungen sind unterworfen: Bauausführungen in der Nähe von Pulverhäusern, Neubauten an Chausseen, Landstraßen, Eisenbahnen, in der Nähe von Waldungen und Bergwerken und an den Ufern und Dämmen öffentlicher Wasserläufe. Hierzu ist die Zustimmung der betreffenden Ressortbehörde unerläßlich. Sie wird nachgesucht durch die Baupolizeibehörde.

Baubeschränkungen aus Verkehrsrücksichten.

Für die Begründung neuer Ansiedelungen und Kolonien, sowie für den Ausbau in bestehenden Ortschaften muß vorher eine Feststellung von Straßen- und Baufluchtlinien stattfinden.

Bebauungspläne und Baufluchten.

Durch Ortsstatut kann festgestellt werden, daß:

a) wenn Straßen noch nicht für den öffentlichen Verkehr und den Anbau hergestellt sind, Wohngebäude nicht errichtet werden dürfen, die Ausgänge nach denselben haben;

b) die Freilegung, erste Einrichtung, Entwässerungs- und Beleuchtungsvorrichtungen neuer Straßen oder Straßenteile, sowie deren zeitweilige, jedoch höchstens 5jährige Unterhaltung von den Unternehmern der neuen Anlage oder von den angrenzenden Eigentümern übernommen werden muß.

Zur Feststellung des Bebauungsplanes findet in Preußen folgendes Verfahren Anwendung: Nach erfolgter Zustimmung der Ortspolizeibehörde über den beabsichtigten Bebauungsplan ist derselbe seitens des Gemeindevorstandes offen auszulegen und zu Einwendungen dagegen aufzufordern. Frist für die Erhebungen der letzteren mindestens 4 Wochen. Einwendungen sind mit den Beschwerdeführern zu erledigen durch schriftlichen Beschluß, der aber im Verwaltungswege anfechtbar ist. Nach endgültiger Erledigung der Einwendungen ist der vom Gemeindevorstand förmlich festgestellte Plan wiederum zu jedermanns Einsicht öffentlich nach geschehener ortsüblicher Bekanntmachung auszulegen. Bei Aufhebung oder Abänderung bestehender Bebauungspläne ist in gleicher Weise zu verfahren. Mit Offenlegung des festgestellten Planes sind die Baufluchtlinien festgelegt, auch erhält die Gemeinde das Recht, die über die festgesetzten Straßenfluchtlinien für Straßen und Plätze bestimmte Grundfläche dem Eigentümer zu entziehen.

Bei Feststellung der Fluchtlinien ist auf Verkehrsförderung, Feuersicherheit und öffentliche Gesundheitspflege und ferner darauf zu achten, daß eine Verunstaltung der Plätze und Straßen nicht stattfinde. Die Straßen müssen daher eine ausreichende Breite und passende Verbindung mit bereits vorhandenen Straßen erhalten können.

Baulinien.

Das Einhalten der Baulinien wird überall gefordert Es steht jedoch der Behörde frei, ein Zurücktreten von Baulichkeiten hinter die Baufluchtlinie zu gestatten. In solchem Falle wird das unbebaute Terrain an der Straße zu Vorgartenland bestimmt und der Besitzer ist zur Anlage eines Vorgartens verpflichtet.

In der Regel dürfen an der Baufluchtlinie nur Hauptgebäude (keine Nebengebäude, Stallungen 2c.) errichtet werden.

Die Bauausführung an neu angelegten Straßen darf vielfach erst dann begonnen werden, wenn die Baustelle amtlich vermessen und abgesteckt ist.

Verengung der Straßen.

Kellerhälse oder dergleichen Nebenbauten dürfen nur nach obrigkeitlicher Bewilligung angelegt werden. Die Berliner Polizeiordnung enthält sehr eingehende Bestimmungen über die Bedingungen und Beschränkungen bei Anlage von Erkern, Vortreppen, Kellerhälsen, nach der Straße zu aufschlagende Thüren 2c. Hierher gehört auch das Verbot des Anbauens von Buden an die Häuser, der unbedeckten Falluken und der Treppenöffnungen im Fußboden.

Bürgersteig.

Derselbe darf in Preußen soweit benutzt werden, als dadurch die Straße nicht gehindert wird. Die Unterkellerung der Bürgersteige kann durch die Behörde versagt, eventl. bei genügenden Sicherheitsvorkehrungen genehmigt werden.

Wahrung der Sicherheit.

1. Festigkeit. Die Behörde ist berechtigt und verpflichtet, das gewählte Material auf seine Festigkeit zu prüfen. Alle massiven Mauern eines Gebäudes, freistehende Mauern, Tragpfeiler und Säulen sind auf festem natürlichen oder künstlich befestigten Grunde frostfrei zu fundieren.

2. Einfriedigung von Grundstücken nach der Straße bedarf polizeilicher Genehmigung. Bei Beeinträchtigung des öffentlichen

Verkehrs oder falls die Anwendung der Feuerlösch- oder Rettungsgerätschaften verhindert wird, ist dieselbe zu versagen. Bei unbebauten Grundstücken kann eine Einfriedigung gefordert werden, soweit diese an öffentlichen Plätzen oder Straßen liegen.

Feuerpolizeiliche Gesichtspunkte.

Von der äußeren Beschaffenheit der Gebäude und in zweiter Linie von der des inneren Ausbaues ist die Verhütung großer Feuersbrünste abhängig.

Auseinanderbauen. Dem Auseinanderbauen wird nur noch auf dem Lande der Vorzug gegeben, in den Städten werden in neuerer Zeit schmale Gänge zwischen 2 Gebäuden, weil diese gegen das Überleiten des Feuers erfahrungsmäßig keinen genügenden Schutz bieten, vermieden. Von seiten der Behörde wird das unmittelbare Nebeneinandersetzen der Bauten am meisten begünstigt.

Bedachung. Bei Neubauten wird feuersichere Bedachung gefordert (Dachsteine, Schiefer, Metall, Glas, Cement, Dachpappe, Holzcement). Schindel- und Strohdächer sind für Wohngebäude nur ausnahmsweise und unter bestimmten Bedingungen auf dem Lande gestattet, überhaupt aber nahezu gänzlich verdrängt worden.

Umfassungswände.

Die Beschaffenheit der Wände hat für die Weiterleitung des Feuers eine große Bedeutung, namentlich gilt dies von den sogenannten Brandmauern, also von solchen Mauern, welche dicht oder in geringer Entfernung von der nachbarlichen Grenze aufgeführt werden. Derartige Mauern müssen eine solche Stärke haben, daß sie die Fortpflanzung des Feuers nach entgegengesetzter Richtung hin vollkommen zu verhindern imstande sind. Als Umfassungsmauern dürfen sie keine Öffnungen haben, als Scheidungen können sie mit solchen versehen werden, welche einen feuersicheren Verschluß haben. Ausnahmen sind seitens der Polizeibehörde statthaft.

Im allgemeinen soll jedes zweier aneinander grenzender Gebäude eine eigene Brandmauer haben. Verschiedenfach ist aber auch eine gemeinschaftliche Brandmauer gestattet.

Bei umfangreichen Baulichkeiten werden vielfach auch innerhalb des Gebäudes Brandmauern verlangt.

Das Auflegen von Balken und das Zusammentreffen von Holz ist bei Brandmauern nur unter gewissen Beschränkungen statthaft.

In den Städten sind Fachwerksbauten, auch Holzbekleidungen der Außenwände im allgemeinen nicht mehr gestattet.

Treppen. Hierauf bezüglich siehe die später folgende Anweisung, betreffend die Vorkehrungen zur Sicherstellung fiskalischer Gebäude gegen Feuersgefahr. Mit Bezug auf Privatgebäude, welche mehrere Mieter aufnehmen, werden fast übereinstimmend unverbrennliche Treppen verlangt.

Gebäudehöhe. Die Gebäudehöhe wird, zugleich auch aus gesundheitlichen Rücksichten in ein gewisses Verhältnis mit der Straßenbreite gebracht. Bindende Vorschriften sind nicht vorhanden.

Dachrinnen. Hölzerne Dachrinnen bei aneinander stoßenden Gebäuden sind, weil feuerleitend, nicht gestattet. Die Rinnen müssen vielmehr aus feuersicherem Material (Stein, Gußeisen, Blech) bestehen.

Feuerungen. Offene Feuerungen können nur an massiven Wänden angelegt werden. Heizmündungen in angemessener Entfernung vom Fußboden. Letzterer mit feuersicherem Pflaster oder Plattenstück zu versehen. Geschlossene Öfen können auch an Fachwänden aufgestellt werden, wenn dieselben in entsprechender Länge durch massives Mauerwerk ersetzt sind. Heiz- und Aschenabfallöffnungen müssen durch metallene Thüren abschließbar sein. Besondere Bestimmungen bestehen für Öfen der Centralheizungen, für Backöfen, Leimküchen für Tischler und Feuerungen für Schlosser- und Schmiedewerkstätten.

Schornsteine und Kamine. Schornsteinkasten (enge und besteigbare) sollen von unten auf massiv aufgeführt und fundamentiert sein. Das Ziehen oder Schleifen der Röhren kann in einer genügend starken Mauer, auch auf Mauerbögen oder Eisen stattfinden.

Über Schornsteinweiten, Höhe der Schornsteinkasten über Dach, Entfernung vom Holzwerk gehen die verschiedenen Bauordnungen auseinander.

Räucherkammern sind auf feuerfester Unterlage und in Wänden und Decken massiv auszuführen. Die Öffnungen müssen mit dicht schließenden metallenen Thüren versehen sein. (Im Dachraum zumeist Doppelthüren verlangt.) Für Malzdarren sind besondere Bestimmungen gegeben.

Durch- und Zufahrten. Die an den Straßen stehenden Gebäude müssen auch zum Zweck der Anwendung von Feuerlösch- und Rettungsgerätschaften an ihren Rückseiten zugänglich sein. Aus diesem Grunde müssen Durch- und Zufahrten angeordnet werden, deren Höhe und Breite durch die Bauordnungen bestimmt wird. Zwischen Vorder- und Hinterhäusern sind angemessene Zwischenräume zu belassen.

Gesundheitspolizeiliche Gesichtspunkte.

Hofräume sind dazu bestimmt, namentlich die Zulassung von Luft und Licht für die der Straße abwärts gelegenen Räume zu ermöglichen. Über die Größe der Höfe weichen die Bestimmungen der Bauordnungen voneinander ab.

Höhe der Wohnräume. Dieselbe ist vielfach vorgeschrieben. Als mindestes Maß für Neubauten ist 2,50 m anzusehen.

Kellerwohnungen. Es ist nirgends gestattet, Wohnungen gänzlich unter Terrainhöhe und in Kellertiefe anzulegen, dagegen sind überall Kellerwohnungen gestattet, die sich zum Teil unter der Erde befinden, falls der Keller vollkommen trocken ist, und die Räume ausreichend Luft und Licht erhalten können. Verschiedene Bauordnungen verlangen: Sicherung der Kellermauern gegen aufsteigende und seitlich eindringende Feuchtigkeit. Lage der Wohnräume nur an der von der Sonne beschienenen Seite, ausreichende Höhe der Kellerdecke über Terrain.

Brunnen und Cisternen. Brunnen dürfen nur in vorschriftsmäßiger Entfernung von Friedhöfen oder Abdeckereien angelegt werden.

Abtrittsgruben und ähnliche Anlagen müssen von den Brunnen einen solchen Abstand haben, daß deren Verunreinigung ausgeschlossen ist.

Das Beziehen von Neubauten. In Neubauten und neu geputzten Zimmern sind die mit ätzendem Kalk angefüllten Wasserdünste des noch feuchten Mörtels, sowie frische Ölfarben durch Verderben der Zimmerluft der Gesundheit nachteilig. Besondere Bestimmungen über Zeit der Beziehbarkeit bestehen an einzelnen Orten.

Für Berlin gelten folgende Vorschriften hinsichtlich des Beginnens der Putzarbeiten. Der Rohbau gilt als vollendet, wenn die Eindeckung der Dächer erfolgt ist und die etwa anzulegenden unverbrennlichen Treppen vollendet sind. Mit dem Putzen der inneren und äußeren Wände darf frühestens 6 Wochen nach Abnahme des Rohbaues begonnen werden. Fallen jedoch die auf die Abnahme folgenden 6 Wochen ganz oder teilweise in die Monate Oktober bis März einschl., so verlängert sich die Frist um soviel, als in die genannten Monate fallen, über 6 Wochen hinaus.

Anstrichsfarben. Es ist nicht gestattet, Wände mit Neugrün, Kupferoxyd und Arsenik enthaltenden oder sonst giftigen Farben zu bemalen. Es ist ferner unzulässig, Gebäudeansichten mit solchen Farben anzustreichen, welche auf das Sehvermögen der Gegenüberwohnenden einen nachteiligen Einfluß ausüben können.

Abtritte und Dunggruben dürfen an Straßen und öffentlichen Plätzen nicht angelegt werden. Abtrittsgruben, Jauchengruben und ähnliche Anlagen, die zur Aufnahme feuchter, ätzender oder übelriechender Stoffe dienen, müssen bei ausreichender Tiefe wasserdicht hergestellt werden, eine dichtschließende Bedeckung haben, auch von der nachbarlichen Grenze genügend weit entfernt liegen. Der Abstand kann in Wegfall kommen, wenn Gruben benachbarter Grundstücke gleichen Zwecken dienen. Die Verbindung derartiger Gruben mit öffentlichen Wasserläufen ist überall unstatthaft.

L. Unterhaltung der Sicherheits-Vorkehrungen gegen Feuersgefahr.

Die in den staatlichen Gebäuden hergestellten Feuerhähne und Hydranten sind von Zeit zu Zeit in geeigneter Weise, gegebenen Falles unter Mitwirkung der Feuerwehr, durch den zuständigen Bauinspektor auf ihre Gebrauchsfähigkeit genau zu prüfen, auch empfiehlt es sich, etwa in dem Gebäude wohnende Unterbeamte in der Benutzung der Feuerhähne zu unterweisen.

In den größeren Gebäuden, etwa mit einem Kostenbetrage von 100 000 M. und mehr für das Hauptgebäude, wird, sofern die Grundrißgestaltung nicht ohne weiteres zu ersehen ist, zur Einsicht für die Feuerwehr ein möglichst deutlich dargestellter Plan von den Grundrissen des Gebäudes im Maßstabe von 1 : 100 im Eingangsflur, bezw. in dem Pförtnerzimmer aufzuhängen sein.

In den Gebäuden der Gruppe III der nachfolgenden Anweisung, mit Ausnahme der Gefängnisse und Strafanstalten, wird überall die Aufhängung von Grundrissen in den Eingangsfluren ꝛc. zu veranlassen sein.

M. Anweisung, betreffend die Vorkehrungen zur Sicherstellung fiskalischer Gebäude gegen Feuersgefahr.

Cirkular-Erlaß vom 21. August 1884.

Ew . . . . lasse ich hierbei die im Einvernehmen mit den übrigen betheiligten Herren Ressortchefs aufgestellte Anweisung, betreffend die bei Ausführung fiskalischer Bauten zu beachtenden Maßnahmen zur Sicherstellung gegen Feuersgefahr mit dem Auftrage zugehen, hiernach beim Entwerfen und bei der Ausführung von Neubauten und weitergreifenden Umbauten zu verfahren.

Für die zur Zeit im Bau begriffenen Gebäude sind diese Maßnahmen, soweit es ohne erhebliche Mehrkosten, sowie ohne Überschreitung der Anschlagssumme thunlich ist, noch nachträglich anzuordnen, bei vorhandenen Gebäuden dagegen im allgemeinen nicht in Aussicht zu nehmen.

Sollte sich indessen aus den baulichen Verhältnissen bestehender Gebäude für die darin verkehrenden Personen, insbesondere mit Rücksicht auf deren große Zahl, oder für die darin aufbewahrten, schwer ersetzlichen Gegenstände, wie Urkunden, Werthpapiere u. dergl. eine naheliegende Gefährdung herleiten lassen, so werden behufs entsprechender Abhilfe nach Benehmen mit der betreffenden, das Gebäude benutzenden Behörde geeignete Vorschläge, eventl. unter Beifügung von Skizzen, jedoch vorläufig ohne Kostenberechnungen, dem betreffenden Herrn Ressortchef zu unterbreiten sein.

Die unter I der Anweisung genannten Gebäude sind hierbei jedoch nur ausnahmsweise in Betracht zu ziehen.

Der Minister für öffentliche Arbeiten.
gez. Maybach.

Bei der Ausführung fiskalischer Bauten sind zum Zweck der Sicherung der Gebäude gegen Feuersgefahr neben den betreffenden lokalen bau- und feuerpolizeilichen Vorschriften im allgemeinen die nachfolgenden Bestimmungen zu beachten:

I.

Landschulgebäude mit ein bis zwei Klassen, Pfarrhäuser, Forsthäuser, Wohngebäude für Beamte der landrätlichen Verwaltung, an Strafanstalten und Gefängnissen, Gymnasien und sonstigen Lehranstalten, an Landgestüten, für Beamte der Wasserbau-Verwaltung u. s. w. und Gebäude ähnlicher Art, welche außer dem Keller- und Dachgeschoß nicht mehr als 2 bewohnbare Geschosse aufweisen, sind, von besonderen Ausnahmen abgesehen, im wesentlichen mit massiven Wänden, gestakten und geputzten Balkendecken, hölzernem Dachverbande unter harter Bedachung, mit hölzernem, unterwärts gerohrten und geputzten Treppen zu erbauen.

Bei Landschulgebäuden, in denen eine der Klassen im 1. Stock zu liegen kommt, ist darauf zu achten, daß die Zugangstreppe in der Nähe dieser Klasse angeordnet wird, eine Breite von mindestens 1,30 m erhält und *ohne* Wendelstufen, bei höchstens 17 cm Steigung mit entsprechend großem Podeste konstruiert wird. Ferner müssen in Landschulgebäuden sowohl die Thüren der Klassen, als auch die Hausthüren nach außen schlagen.

II.

Land- und Stadtschulen mit mehr als 2 Klassen, Mittel- und Realschulen, Gymnasien, Seminare und Pädagogien, Blinden- und Taubstummen-Anstalten, Amtsgerichtsgebäude nebst zugehörigen Gefängnissen, sonstige Gerichtsgebäude mit einer Baukostensumme von höchstens 300 000 Mark für das Hauptgebäude, ferner Steueramtsgebäude, klinische Anstalten der Universitäten und Krankenhäuser sind in folgenden Punkten abweichend von den unter I verzeichneten Gebäuden zu behandeln:

a) *sämtliche* Wände derselben müssen massiv bezw. unverbrennlich hergestellt werden;

b) das ganze Kellergeschoß, die Korridore, Eingangsflure und die Treppenhäuser, sowie etwaige Kassen- und Depositenräume, endlich Zimmer für Aufbewahrung von Grundbüchern u. s. w. werden überwölbt;

c) sämtliche Treppen, vom Keller bis zum oberen Stockwerk bezw. Dachboden sind massiv, aus bestem Haustein, freitragend oder, wenn solches irgend durchführbar ist, zwischen aufsteigenden Gewölben oder zwischen festen gemauerten Wangen auszuführen;

d) die Treppen, welche auf den Dachboden führen, müssen daselbst mit massiven Wänden umschlossen, überwölbt und mit einer eisernen Thür gegen den Dachboden verwahrt werden;

e) die Lichteinfallschächte etwa vorkommender Oberlichte müssen mit Wellblech oder sonst geeignetem Material derart ummantelt werden, daß ein im Dachboden entstehendes Feuer die Luftschächte erst nach längerer Zeit erreichen und sich von da aus in tiefer liegende Gebäudeteile verbreiten kann;

f) unter Berücksichtigung der Grundrißgestaltung im Dachboden sind Brandmauern in der Ausdehnung auszuführen, daß der Dachraum in Entfernungen von 30 zu 30 m feuersicher abgeschlossen wird;

g) die Thüren der Schulklassen sowie alle Säle, in denen sich eine größere Zahl von Menschen gleichzeitig aufzuhalten pflegt, müssen bei angemessener Breite nach außen aufschlagen und dürfen zur Vermeidung einer Begegnung von Menschenströmen nicht einander gegenüber liegen;

h) die Schornsteine sind innerhalb des Dachbodens nicht mit Reinigungsthüren zu versehen, die Reinigung der Schornsteine soll vielmehr, wenn thunlich, vom Dache aus durch Anordnung von Laufbrettern ermöglicht werden;

i) die Gebäude sind, sofern an dem betreffenden Orte eine Wasserleitung von ausreichendem Drucke vorhanden ist, an letztere anzuschließen und mit der erforderlich erscheinenden Zahl von Feuerhähnen nebst den zugehörigen Hanfschläuchen von auskömmlicher Länge derart auszugestalten, daß nach jedem Raum Wasser in hinlänglicher Menge unter genügendem Druck abgegeben werden kann. Dementsprechend sind insbesondere an den Endigungen der Treppen im Dachboden, jedoch innerhalb der massiven Ummantelungen derselben, sofern hier noch genügender Druck in der Leitung vorhanden ist, Feuerhähne anzuordnen.

Auf Herstellung von Feuerhähnen ist auch dann Bedacht zu nehmen, wenn das Gebäude eine eigene Wasserleitung hat.

Ist in dem betreffenden Orte eine organisierte Feuerwehr vorhanden, so hat der Kreisbaubeamte sich mit dem Dirigenten derselben bezüglich der Zahl, Lage und Konstruktion der Feuerhähne und Hydranten in Verbindung zu setzen. Wird seitens der Feuerwehr auf die Herstellung von Feuerhähnen im Innern des Gebäudes kein Wert gelegt, so kann auf solche verzichtet werden. In diesem Falle ist jedoch auf Beschaffung einer ausreichenden Zahl von Hydranten auf den Höfen u. s. w. Bedacht zu nehmen. In den Erläuterungsberichten der speziellen Projekte sind die Verhältnisse eingehend zu erörtern und die getroffenen Dispositionen entsprechend zu motivieren. Die hiernach in fiskalischen Gebäuden herzustellenden Feuerhähne und Hydranten sind von Zeit zu Zeit in geeigneter Weise, eventl. unter Mitwirkung der Feuerwehr, durch den zuständigen Kreisbaubeamten auf ihre Gebrauchsfähigkeit zu kontrollieren; auch empfiehlt es sich, etwa in dem betreffenden Gebäude wohnende Unterbeamte in der Benutzung der Feuerhähne zu unterweisen.

k) Endlich wird in den größeren Gebäuden dieser Gruppe, etwa von einem Kostenbetrage von 100 000 Mark für das Hauptgebäude an, sofern die Grundrißgestaltung nicht ohne weiteres zu übersehen ist, zur Orientierung der Feuerwehr ein möglichst deutlich dargestellter Plan von den Grundrissen des Gebäudes im Maßstabe von 1:100 im Eingangsflur bezw. in der Portierloge aufzuhängen sein.

Im übrigen finden auch für die unter II genannten Gebäude die Bestimmungen unter I entsprechende Anwendung.

III.

Die den Landgerichten zugehörigen Gefängnisse, die Centralgefängnisse und Strafanstalten, die Gerichtsgebäude mit einer Baukostensumme von mehr als 300 000 Mark für das Hauptgebäude, ferner die Oberberg-Amtsgebäude, Regierungsgebäude, die Ministerial-Dienstgebäude, die Provinzial-Steuer-Direktions-Gebäude, die Bibliotheken, die Museen und sonstigen Gebäude zur Aufnahme von Sammlungen, die Archive u. s. w. sind bei der Ausführung in folgenden Punkten abweichend von den unter II verzeichneten Gebäuden zu behandeln.

a) Die Decken sämtlicher Räume aller Geschosse sind zu überwölben oder in Stein und Eisen völlig massiv bezw. unverbrennlich herzustellen. Eine Überwölbung ohne Anwendung eiserner Träger ist möglichst bei den unter II bei b genannten Räumen zur Ausführung zu bringen, während die übrigen Räume mit Gewölben zwischen eisernen Trägern oder mit Gipsdecken nach französischer Art überdeckt oder auch unter Benutzung von Wellblech, welches oberhalb einen angemessen starken Betonestrich erhält, hergestellt werden können.

b) Abgesehen von völlig isoliert liegenden Gefängnissen und Strafanstalten sind die Dachverbände dieser Gebäude, mit Ausschluß der zur Aufnahme des Deckungsmaterials dienenden Schalung und derjenigen Teile, an welchen letztere befestigt wird, durchweg in Schmiedeeisen herzustellen.

Den betreffenden Kostenanschlägen sind jedoch vergleichende Berechnungen beizufügen, aus welchen ersichtlich wird, welche Summe die Ausführung des Dachstuhles in Holz statt in Schmiedeeisen erfordert haben würde und welcher Kostenunterschied dadurch entsteht, daß abweichend von den Bestimmungen unter II bei b, wonach nur das ganze Kellergeschoß, die Corridore, Eingangsflure und Treppenhäuser, sowie etwaige Kassen- und Depositenräume, endlich die Zimmer zur Aufbewahrung von Grundbüchern u. s. w. zu überwölben sind, sämtliche Decken aller Geschosse als Gewölbe oder aus Eisen und Stein hergestellt werden.

c) Wo es angängig ist und nach den Umständen angezeigt erscheint, sind die unter dieser Gruppe aufgeführten Gebäude mit der nächsten Feuerwache durch telegraphische Leitung in Verbindung zu setzen.

Ferner wird in diesen Gebäuden, mit Ausnahme der Gefängnisse und Strafanstalten überall auf die Aufhängung von Grundrissen in den Eingangsfluren u. s. w. zu halten sein.

Im übrigen ist nach Maßgabe der Anordnungen für die unter II bezw. I genannten Gebäude zu verfahren.

IV.

Kirchen, Auditoriengebäude der Universitäten, Turnhallen und sonstige Räume, in denen sich eine größere Zahl von Menschen häufig aufzuhalten pflegt, haben sich in ihrer Bauart im allgemeinen den unter II verzeichneten Gebäuden anzuschließen.

Kirchen für mehr als 500 Kirchgänger sind jedoch zu wölben und solche für mehr als 1000 Kirchgänger außerdem an Stelle hölzerner mit eisernen Dachstühlen nach den unter III gegebenen Vorschriften zu versehen. Auch hier sind den Anschlägen vergleichende Berechnungen beizufügen, welche über die betreffende Kostendifferenz gegenüber der Anwendung von Holzkonstruktionen Auskunft geben.

Im übrigen ist besonderer Wert darauf zu legen, daß sich die eine große Zahl von Menschen fassenden Räume möglichst schnell entleeren können. Demgemäß ist dafür zu sorgen, daß einerseits Ausgänge in ausreichender Zahl, von genügender Breite und zweckmäßiger Lage angeordnet, andrerseits, wenn die betreffenden Räume, wie Emporen u. s. w. sich nicht zu ebener Erde befinden, Treppen in genügender Zahl, von ausreichender Breite und mit angemessener Steigung vorgesehen werden, deren im Erdgeschoß belegene Thüren direkt ins Freie führen müssen.

Was zunächst die Ausgänge betrifft, so sind deren Thüren bei allen vorstehend genannten Gebäudearten so anzuordnen, daß sie nach außen aufschlagen, und zwar bezieht sich diese Bestimmung auf alle äußeren Thüren, sowie diejenigen inneren, welche zu den betreffenden Räumen gehören oder von den Besuchern beim Verlassen derselben passiert werden müssen. Hinsichtlich der Zahl und Breite der Ausgänge einschließlich der daran anschließenden Vorflure, Korridore u. s. w. sowie der Treppen wird festgesetzt, daß unter Beachtung der Gesamtzahl, welche den betreffenden Raum aufzunehmen vermag, angeordnet werden:

entweder für je 120 Personen ein Ausgang und event. eine sich anschließende Treppe von mindestens 1,00 m Breite;

oder für je 180 Personen ein Ausgang und event. eine sich anschließende Treppe von mindestens 1,50 m Breite;

oder für je 240 Personen ein Ausgang und event. eine sich anschließende Treppe von mindestens 2,00 m Breite.

Die vorstehenden Maße müssen im Lichten, bei den Treppen zwischen den Handläufern gemessen, vorhanden sein. Die Treppen sind mit geraden Läufen und rechteckigen Podesten, welche dieselbe Breite wie die Läufe aufweisen müssen, herzustellen. Die Steigung der Stufen darf das Maß von 18 cm nicht überschreiten. Die Treppen erhalten auf beiden Seiten Handläufer, welche über die Podeste ohne Unterbrechung fortlaufen.

Sollen Wendelstufen angewandt werden, so müssen die Umfassungsmauern dementsprechend kreisförmig gestaltet werden, auch dürfen die Stufen nicht ganz spitz zulaufen, sondern müssen an der Spindel, bezw. im Auge der Treppe mindestens noch 10 cm Auftritt haben.

Auf eine gewendelte Treppe sind jedoch

bei	einer	Breite	von	1,0 m	höchstens	60	Personen,
„	„	„	„	1,5 „	„	90	„
„	„	„	„	2,0 „	„	120	„

in Ansatz zu bringen.

Es bleibt anheim gestellt, die Personenzahl, welche eine Kirche, ein Auditorium aufzunehmen vermag, auf Ausgänge und Treppen von verschiedener Breite zu verteilen, also etwa einen Ausgang von 1,5 m und einen von 1,0 m anzuordnen u. s. w. und event. diesen Ausgängen entsprechende Treppen vorzusehen.

Die Ausgänge und Treppen müssen eine solche Lage haben, daß die Entleerung des betreffenden Raumes möglichst leicht erfolgen kann, auch beim Vorhandensein mehrerer Ausgänge und Treppen das Publikum dieselben unwillkürlich in entsprechender Weise benutzt.

Nebenausgänge oder Nebentreppen, welche den Besuchern des Gebäudes nicht bekannt sind, auch nach Lage der Verhältnisse nicht bekannt sein können, bleiben bei der Feststellung der Zahl und Breite der Ausgänge und Treppen, welche behufs ausreichend schneller Entleerung des fraglichen Raumes notwendig sind, außer Betracht.

Verlag von Julius Springer in Berlin N.

Handbuch
der
Verfassung und Verwaltung
in Preußen und dem Deutschen Reiche.

Von
Graf Hue de Grais,
Regierungs-Präsident zu Potsdam.

~~Achte~~ Auflage.
Elegant gebunden M. 7,—.
Elegant gebunden und mit Schreibpapier durchschossen M. 8,50.

Grundriß
der
Verfassung und Verwaltung
in Preußen und dem Deutschen Reiche.

Von
Graf Hue de Grais,
Königl. Regierungspräsident.

Dritte Auflage.
Preis kart. M. 1,—.

Die
Rechte und Pflichten der Hauseigenthümer, Vizewirthe und Miether
unter einander und gegenüber den Behörden des Staats
und der Gemeinde
(Steuer-, Polizei- und Kommunalbehörden).
Mit ausführlichem Sachregister
von
C. Parey,
Verwaltungsgerichtsdirektor a. D.
Preis kart. M. 1,—.

☛ Zu beziehen durch jede Buchhandlung. ☚

GPSR Compliance

The European Union's (EU) General Product Safety Regulation (GPSR) is a set of rules that requires consumer products to be safe and our obligations to ensure this.

If you have any concerns about our products, you can contact us on ProductSafety@springernature.com

In case Publisher is established outside the EU, the EU authorized representative is:

Springer Nature Customer Service Center GmbH
Europaplatz 3
69115 Heidelberg, Germany

Batch number: 10844827

Printed by Printforce, the Netherlands